神秘怪客

——现代兵器99

主　　编　中国科普作家协会少儿专业委员会
执行主编　郑延慧
作　　者　崔金泰　杜　波　海　虹
插图作者　崔金泰

广西科学技术出版社

图书在版编目（CIP）数据

神秘怪客：现代兵器 99/ 崔金泰，杜波，海虹著.
——南宁：广西科学技术出版社，2012.8（2020.6 重印）
（科学系列 99 丛书）
ISBN 978-7-80619-952-7

Ⅰ．①神… Ⅱ．①崔… ②杜… ③海… Ⅲ．①武器—
世界—青年读物 ②武器—世界—少年读物 Ⅳ．① E92-49

中国版本图书馆 CIP 数据核字（2012）第 190647 号

科学系列99丛书
神秘怪客
　　——现代兵器99
SHENMI GUAIKE——XIANDAI BINGQI 99
崔金泰　杜波　海虹　著

责任编辑	黎志海	**封面设计**	叁壹明道
责任校对	陈业槐	**责任印制**	韦文印

出 版 人　卢培钊
出版发行　广西科学技术出版社
　　　　　　（南宁市东葛路 66 号　邮政编码 530023）
印　　刷　永清县晔盛亚胶印有限公司
　　　　　　（永清县工业区大良村西部　邮政编码 065600）
开　　本　700mm×950mm　1/16
印　　张　12
字　　数　155千字
版次印次　2020 年 6 月第 1 版第 4 次
书　　号　ISBN 978-7-80619-952-7
定　　价　23.80 元

本书如有倒装缺页等问题，请与出版社联系调换。

少年科学文库

致二十一世纪的主人

钱三强

　　时代的航船已进入21世纪，在这时期，对我们中华民族的前途命运，是个关键的历史时期。现在10岁左右的少年儿童，到那时就是驾驭航船的主人，他们肩负着特殊的历史使命。为此，我们现在的成年人都应多为他们着想，为把他们造就成21世纪的优秀人才多尽一份心，多出一份力。人才成长，除主观因素外，在客观上也需要各种物质的和精神的条件，其中，能否源源不断地为他们提供优质图书，对于少年儿童，在某种意义上说，是一个关键性条件。经验告诉人们，往往一本好书可以造就一个人，而一本坏书则可以毁掉一个人。我几乎天天盼着出版界利用社会主义的出版阵地，为我们21世纪的主人多出好书。广西科学技术出版社在这方面做出了令人欣喜的贡献。他们特邀我国科普创作界的一批著名科普作家，编辑出版了大型系列化自然科学普及读物——《少年科学文库》以下简称《文库》。《文库》分"科学知识"、"科技发展史"和"科学文艺"三大类，约计100种。《文库》除反映基础学科的知识外，还深入浅出地全面介绍当今世界最新的科学技术成就，充分体现了20世纪90年代科技发展的前沿水平。现在科普读物已有不少，而《文库》这批读物特具魅力，主要表现在观点新、题材新、角度新和手法新，内容丰富，覆盖面广，插图精美，形式活泼，语言流畅，通俗易懂，富于科学性、可读性、趣味性。因此，说《文库》是开启科技知识宝库的钥匙，缔造21世纪人才的摇篮，并不夸张。《文库》将成

为中国少年朋友增长知识、发展智慧、促进成才的亲密朋友。

亲爱的少年朋友们，当你们走上工作岗位的时候，呈现在你们面前的将是一个繁花似锦的、具有高度文明的时代，也是科学技术高度发达的崭新时代。现代科学技术发展速度之快，规模之大，对人类社会的生产和生活产生影响之深，都是过去无法比拟的。我们的少年朋友，要想胜任驾驭时代航船，就必须从现在起努力学习科学，增长知识，扩大眼界，认识社会和自然发展的客观规律，为建设有中国特色的社会主义而艰苦奋斗。

我真诚地相信，在这方面《少年科学文库》将会对你们提供十分有益的帮助，同时我衷心地希望，你们一定为当好 21 世纪的主人，知难而进，锲而不舍，从书本、从实践吸取现代科学知识的营养，使自己的视野更开阔、思想更活跃、思路更敏捷，更加聪明能干，将来成长为杰出的人才和科学巨匠，为中华民族的科学技术实现划时代的崛起，为中国迈入世界科技先进强国之林而奋斗。

亲爱的少年朋友，祝愿你们奔向 21 世纪的航程充满闪光的成功之标。

前 言

历史的巨轮已经驶入 21 世纪。在这世纪相交之际,人们看到了和平与发展的光明前景。然而回首过去的 20 世纪,人类经历了两次世界大战和多次局部战争的巨大灾难,付出了沉重的代价。也正是在这不同寻常的一个世纪中,人类相继发明了飞机、舰艇、坦克、导弹、雷达和核武器等现代化武器和装备,从而使战争的面貌发生了全新的变化。

武器作为战争的工具是根据作战的需要而出现的,并随着科学技术的发展而不断地改进和完善。

从第二次世界大战结束以来,国际形势复杂多变,大大小小的战争一直连绵不断。在这些局部战争中,特别是中东战争、马岛战争和海湾战争,以及北约轰炸南联盟战争,人们惊奇地发现,高新技术总是首先应用于军事技术领域,诸如航天技术、激光技术、微电子技术、计算机、人工智能和新型材料等,无一不是首先在武器装备上得到应用。可以说,高新技术将现代兵器推向了一个发展的新阶段,并相应出现了许多新型武器,诸如隐形飞机、激光制导炸弹、巡航导弹、无人驾驶飞机、智能型的反坦克导弹等,以及激光测距机、相控阵雷达、预警飞机、侦察卫星、电子干扰飞机、反雷达导弹等新型侦察器材和指挥、通信装备等。这些新型武器装备在战场上大显身手,技艺非凡,引起了人们的兴趣和注意。

人们可能还记得,在 1991 年的海湾战争结束后不久,不少人在谈

论着"爱国者"导弹为什么能拦截住"飞毛腿"导弹？激光制导炸弹为什么能从楼房顶部的通气道中钻入后爆炸？"战斧"式巡航导弹为何能准确击中1000多千米外的目标？被称为"神秘怪客"的美国F－117A隐形战斗轰炸机在1999年北约轰炸南联盟中为何折翼科索沃……这充分说明人们对现代新技术武器的巨大威力和效能不只是感到惊奇，而且还期望对那些感兴趣的问题得到圆满的答案。

　　本书通过99个真实有趣的兵器故事，向你讲述了现代陆、海、空、天战所使用的武器装备的高超本领以及它们的问世经历。全书内容丰富、新颖，所介绍的武器绝大多数是第二次世界大战后研制的新装备，其中不少是海湾战争、马岛战争等投入使用的现代高技术武器。因此，它既可以帮助广大青少年和对兵器感兴趣的读者开阔眼界、增长知识、启迪智慧，而且还可以了解现代战争的特点和武器的发展水平，解答你想了解的许多"为什么"的问题。

　　由于作者的水平所限，恳切希望广大读者批评指正，并提出宝贵的意见。

目　录

1 遥控坦克

——新型排雷坦克

1990年，伊拉克依仗着坦克和大炮，在几天之内就全部占领了其邻近的科威特，并立即在所占领的科威特领土上日以继夜地加紧构筑庞大的防御工事，在长达200多千米的防御地带和茫茫大漠中，埋下了大量的反坦克雷和防步兵雷，布设了密密麻麻的铁丝网和人工障碍物。这样，以美国为首的多国部队想要突破这样的防线，必然要遭受很大伤亡。于是，美国决定要加强工兵排雷部队，尽快制造出高技术排雷武器，并制订了代号为"遥控"的研究计划，其主要内容是：立即采取紧急措施，在各种装甲战斗车辆上采用人工智能、机器人技术，以提高排雷、扫雷作业效率和自动化程度，保障作战部队顺利通过障碍地带，迅速把伊拉克军队赶出科威特。

美国坦克研究发展中心的人员提出了应急方案，即研制一套新式遥控装置，它既可安装在M60型坦克上，也可安装在M1型主战坦克上，从而可大大提高排雷能力。与此同时，他们还对部分M113装甲人员输送车进行改造，使它成为先进的探雷车。因而就形成了M1-M60 -M113遥控排雷系列武器。

经过一个多月的奋战，终于制成了一套控制系统。这套系统的指令发送装置看上去像是个小小文具盒，操作手只要按动上面的几根操纵杆，就可以向机器人发出各种指令。机器人接到遥控指令后，经过它的电脑的快速运算，启动各种部件进行运转，便能自动地向前行驶、转弯、加速、减速等，并能控制车体前方的排雷器排除各种地雷。

投入实战以前，在美国加利福尼亚州的伊尔文营地对这种排雷机器人进行了现场表演。美国参谋长拿起控制盒，轻轻按动一个开关。这时，只见一辆M1坦克轻轻地颤动了几下便轰隆隆地向前行驶。随后，这位参谋长又按动一根操纵杆，坦克便快速向前冲去；他把操纵杆向右转动，坦克便立即向右转弯；他又把操纵杆向左下方按去，坦克便连续不断地向左兜圈子……

遥控坦克的精彩表演博得一片掌声，会场上响起了各军兵种将军们此起彼伏的喊叫声：

"第7军订购60辆！"

"第8陆战师订购35辆！"

"海军陆战队先订购20辆，装备第1师！"

……

现场表演会一时变成了订货会，这反映了人们对这种高技术武器很感兴趣。然而，在海湾战争中一共投入了多少部排雷遥控坦克，它的战果如何，至今仍未透露半点机密。

2 新潮时装

——坦克爆炸式装甲

1982年的中东战争，交战国双方是以色列和黎巴嫩。战争中，以色列的坦克穿了一身奇特的"新潮时装"。只见那些坦克炮塔周围和车体上披挂着许多长方形的铁盒子，宛若武士身上穿的铠甲，格外惹人注目。在这次战争中，以色列的坦克由于装上了这些铁盒子，被对方击毁的坦克仅数十辆，而对方被击毁的坦克共达500多辆。

爆炸块装甲

身穿爆炸式装甲新潮时装的坦克

此后，坦克的这种新保护装置名声大振，许多国家对它进行分析研究和仿制。美国为它的海军陆战队的 M60A1 主战坦克装上了这种铁盒子；苏联也为 7000 辆 T-64B、T-72B1、T-80 等坦克装上了这种铁盒子。

其实，这种铁盒子并没有什么神秘之处，它是用薄钢板制成的普通扁平盒子，里面装有炸药。在盒子的四角或两端有螺孔，可以将它固定在坦克装甲上。盒内装的是钝感炸药——也就是反应不灵敏的炸药。一般的机枪子弹或炮弹碎片击中它时，它不会爆炸；但是，当破甲弹、反坦克导弹或穿甲弹击中它时，它就会立即爆炸，爆炸时所产生的反作用力可使穿甲弹头的贯穿方向偏转，从而抵消或减弱穿甲弹的穿甲能力。以色列的坦克之所以被击毁的少，多亏有了这种铁盒子的保护。

这种神通广大的铁盒子，因其爆炸时能有效地保护坦克装甲不被击穿，因此人们把它叫做爆炸式装甲或爆炸块装甲，也有人称它为反应式装甲或反作用装甲。

爆炸式装甲的特点在于：它的体积小，重量轻，制造、使用和维护都很方便，而且价格也很便宜。

一辆坦克挂装 10 平方米大小的爆炸式装甲，重量仅增加 1～2 吨，

对坦克的机动性影响不大。爆炸式装甲在战场上被击毁后，还可以及时更换，使坦克能继续进行战斗。

爆炸式装甲能使破甲弹或反坦克导弹的破甲能力降低 50%～90%，使穿甲弹的穿甲能力降低 20%～30%。正是由于它的防护本领高强，使一些反坦克导弹，包括美国先进的"龙"式反坦克导弹和较著名的"陶"式反坦克导弹也很难对付它。一时间，爆炸式装甲竟成了无敌手。

3 小巧玲珑

——遥控微型坦克

在第二次世界大战中，德国的坦克部队在行进时经常遇到反坦克地雷、堑壕和碉堡的阻滞，行进缓慢；工兵扫雷不仅费时费力，伤亡也很大。因此，德国坦克部队迫切需要一种能够快速排雷、清扫路障的机械化装置。

当时，日本已经制成了几种无线电遥控的爆破坦克。德国步日本后尘，应用无线电遥控技术也相继制成了 B1 型无人驾驶爆破坦克和 BⅣ型爆破坦克等，并立即投入战斗。

B1 型无人驾驶爆破坦克是一种体积很小的微型坦克，全长仅 1.6 米，宽 0.66 米，高 0.67 米，总重量只有 362 千克，最高速度每小时 19 千米，可运载 90 千克炸药完成各种爆破任务。

它有 A、B 两种型号。A 型车的动力装置采用一台小型汽油发动机，控制系统用无线电操纵，有效活动范围可达方圆 1000 平方米。B 型车装有一台电动机，由两个 12 伏蓄电池供电，通过指挥车上一根电缆控制其活动，有效行驶距离为 610 米。

B1型爆破坦克结构紧凑, 小巧玲珑。因其外形低矮, 隐蔽性好, 所以不易遭受敌方火力袭击, 特别适用于工兵部队进行扫雷或清除各种障碍物。但由于它们的体积太小, 运载的炸药量有限, 所以德国后来又研制成了B Ⅳ型爆破坦克。

B Ⅳ型爆破坦克类似普通轻型坦克, 车长3.65米, 宽1.82米, 高1.37米, 总重4.5吨, 最高速度每小时24千米, 可运载450千克炸药。B Ⅳ型爆破坦克上有驾驶室和遥控驾驶设备, 通常先由一名驾驶员将坦克驶至目标附近, 当遇到对方火力阻击时, 驾驶员可以离开坦克隐蔽到障碍物背后或另一辆指挥车内, 通过无线电操纵坦克到达目标, 然后通过遥控装置卸下炸药箱, 并遥控坦克返回, 最后引爆炸药。B Ⅳ型爆破坦克的速度快, 载重量大。1944年, 德军将它配备于"虎"式重型坦克部队, 作为开路先锋, 用于完成各种重型爆破任务, 为坦克大部队扫清障碍。

德国还研制了一种无人驾驶侦察坦克, 它的体积比B Ⅳ型爆破坦克稍小一些。这种坦克上装有音响探测器和自动照相机等侦察器材。通过无线电操纵坦克到达目标区后, 侦察器材可立即开始工作, 并把获得的情报通过车上的天线传送到指挥所。指挥所根据所得的情报判断敌人火力配备情况, 做出决策。如果坦克遭到破坏或可能落到敌人手中时, 指挥所会发出信号, 通过坦克上的自爆装置将其立即炸毁。

4 事与愿违

——德国巨型"鼠"式坦克

第二次世界大战初期, 德国的坦克不断遭到同盟国反坦克火力的袭

击，损失惨重。于是在 1943 年，德国又研制了一种新式巨型坦克，并在阿尔凯特试验场进行了初步试验。

这种坦克从炮口到车尾，全长 10.1 米，宽 3.7 米，高 3.6 米。坦克的前装甲厚度 200 毫米，炮塔最大厚度 350 毫米，动力装置采用一部 882 千瓦的 12 缸汽冷式汽油发动机。坦克的履带宽度 1.1 米。整个坦克在携带 50 发炮弹时的总重达 188 吨，而一般坦克仅重三四十吨。它不仅体形庞大，而且安装了多门火炮，即有一门 128 毫米的加农炮和一门 75 毫米的并列炮，还安装了一门 20 毫米机关炮，比一般坦克多了两倍。它可说是坦克发展史上最重的一辆坦克。

但是，如此庞然大物尽管有多门火炮"武装"也无济于事，因为它太庞大了，携带 4800 升燃料也只能行驶 190 千米。它行驶的速度比老牛车快不了多少，即使在平坦的公路上行驶，最大时速也只有 20 千米，而一般坦克可达四五十千米。更使人伤脑筋的是，没有一座桥梁能承受得了它那巨大的重量。为了把它运到试验场，试验人员费尽了周折。

这种巨型坦克从 1943 年冬至 1945 年 5 月，一年多的时间仅仅完成了 9 辆车的主要部件生产，而且只装配出 2 辆坦克运到试验场进行试验。德国为这种坦克起的名字叫做"鼠"式坦克。虽说在讨论是否制造这一巨型坦克时，就受到许多坦克专家的反对，认为它不切实际，即使制成也难以投入使用，但是德国法西斯头子希特勒认为，可以用它来发挥闪电战的优势，就批准了将这一设计进行试制。事实证明了它实在适应不了战争的需要。

后来当苏军攻占到坦克试验场时，德国人已将这种巨型坦克自行炸毁了。

5　坦克澡盆

——南非"号角"主战坦克

大千世界，无奇不有。坦克上带澡盆，可说是个新鲜事儿。这种新奇的坦克，就是南非研制的"号角"主战坦克。

南非是一个气候炎热的国家，境内大部分是高原，地势较平坦。这个国家在研制坦克时很注意考虑这些特点，因而制成的坦克既适用又很有特色，颇为引人注目。

20 世纪 50 年代以来，南非军队主要采用英国的"百人队长"主战坦克。到 20 世纪 70 年代初，南非军队根据本国的需要对"百人队长"坦克进行了改进。其中，主要是换装了南非生产的 L7-105 毫米坦克炮，并用汽冷柴油机和自动变速箱分别替换了原来的汽油机和手动变速箱。由于这是结合实际情况进行的"手术"和"器官移植"，因而使坦克的性能得到很大提高。他们还给这种主坦克起了个"号角 1A"的名字，意思是南非研制坦克的新时期开始了。

1985 年，南非又对"号角 1A"主战坦克进行改进，并于 1987 年制成样车，命名为"号角 1B"主战坦克。从 1991 年起，这种"号角 1B"主战坦克便正式生产了。

"号角 1B"主战坦克全重 58 吨，车内乘员 4 人。车上装有一门 105 毫米火炮，是经许可在南非生产的英国 L7 型火炮，但加装了炮膛抽烟装置和热护套。另外，车上还安装了烟幕弹发射器。不过，烟幕弹发射器的安装位置和一般坦克的不一样，它是装在炮塔尾部的两侧，正好和一般坦克装在炮塔前部两侧相反。这样装的好处是，在坦克穿越丛林时

避免烟幕弹发射器被树枝刮掉,适合在热带地区使用。

更使人感兴趣的是,在"号角1B"坦克炮塔的尾部,有一个储物的隔舱。这个隔舱平时可储存物品,必要时就是一个可供坦克乘员洗澡的澡盆。

南非夏季酷热,坦克兵在训练或作战中,汗流浃背,沙尘满身,加之蚊虫叮咬,多么希望能在休息时洗个痛快澡,消除疲劳。这个装在坦克上的澡盆就能满足这一要求,使士兵们能及时在野外洗个舒服澡。因此,这个坦克澡盆最受南非士兵欢迎。爱屋及乌,士兵们当然也喜欢这种带澡盆的坦克啦!

6 天降"怪物"

——空降坦克

1979年12月25日,阿富汗首都喀布尔像往常一样平静,金色的阳光洒在了都市的建筑物上,人们在各自奔忙着,一派祥和景象。

可是,突然从远方传来了飞机的嗡嗡声,不一会儿,天空就出现了一团团黑糊糊的东西。奇怪,刚才太阳还红红的,怎么一下子被一片片乌云遮住了呢?不像,可能是飞来的乌鸦群吧?人们仰望天空,指指点点地议论着。

空中的怪物越来越近了,人们这时才看清那飘在天空的是一个个五颜六色的降落伞,而伞下竟吊挂着黑而大的坦克,坦克上伸出的炮管像是在探头张望呢!顷刻间,这些坦克铺天盖地般地在喀布尔空军基地周围降落下来。刚一着地,坦克的发动机就轰鸣起来,整个地面都在震颤。这时,从坦克后面冲出了一群群荷枪实弹的苏联官兵,他们迅即闪

电般地占领和控制了这个基地。与此同时，苏军也以同样的方法占领了阿富汗的另一个基地——巴格兰空军基地。

这是前苏联以其所拥有的空降坦克的优势，对外进行扩张、侵略的一组真实镜头。

空降坦克，也叫做伞兵战车，是用于突击作战而以飞机吊运或空投的一种坦克。

早在1935年，苏联军队在一次演习中就首次用轰炸机把T-27坦克吊在机身下进行空运，使作为冲锋陷阵的坦克能及时投入战场使用，给敌人以突然而沉重的打击。但是，一般的坦克并不适合空运或空投，所以此后人们便开始研制专门用于空运或空投的坦克。

到了1937年，英国制成了第一辆由滑翔机空降的"小君主"式空降坦克。后来，这种空降坦克在1944年6月6日参加了英、美空降兵夺取诺曼底登陆场的空降突击作战，并取得了成果，显示了空降坦克的不凡身手。

1970年，苏联研制成第一代空降坦克——БМД-1伞兵战车，并开始装备于空降部队服役。这种坦克采用单人炮塔，在炮塔内安装了一门73毫米滑膛炮，在炮塔上方还装有反坦克导弹的发射架。1979年，苏军偷袭阿富汗空军基地，用的就是这种空降坦克。

由于БМД-1伞兵战车的火炮威力小，射程近（仅1300米），不能满足作战使用要求，苏军便于20世纪80年代制成第二代伞兵战车，即БМД-2伞兵战车。它的特点是，用30毫米机关炮代替БМД-1的73毫米滑膛炮，射程增大到2000～4000米，能高平两用。也就是说，这种炮既可有效地毁伤距离较远的前沿地区上的各种目标，又可对付低空飞行的空中目标。

20世纪90年代初，俄罗斯空降部队已开始装备性能更好的第三代伞兵战车。

美国制成的空降坦克是M551"谢里登"坦克，全车重16.8吨。1989年12月美军入侵巴拿马和1991年1月发生的海湾战争中，美军第

82空降师装备使用了这种坦克。

空降坦克之所以能乘坐飞机从空中降下来，关键在于它的重量轻（前苏联的БМД-1和БМД-2空降坦克的战斗全重仅9吨，是重量最轻的坦克）、体积小，适合于空运。它们既可以用飞机和直升机装载，也可以用运输机牵引滑翔机或用直升机吊运。前苏联的"安-22"运输机一次就可载运4辆坦克；而"伊尔-72"运输机一次可载运3辆，用4具降落伞即可空投。为了适于作战需要，空降坦克上装备有能高平两用和快速射击用的火炮和机枪，大多数还兼备有反坦克导弹。此外，车上还装有进行夜战的微光夜视仪器以及防原子、防化学、防生物武器的"三防"设备，以便在特殊情况下作战使用。

坦克用运输机空投下来

7 技高一筹

——美国 M1A1 主战坦克

在1991年爆发的海湾战争中，美国投入了当时最先进的M1A1主战坦克。这种坦克于1985年开始服役。它与伊拉克参战使用的前苏联制造的T-72主战坦克，虽然都属于第二次世界大战后问世的第三代坦克，但其在作战本领上技高一筹，成为海湾战争陆战武器中的佼佼者。

首先，M1A1坦克有着强大的火力和先进的火控系统。它使用的火炮是120毫米滑膛炮，可以发射穿透力很强的尾翼式脱壳穿甲弹和贫铀

弹芯穿甲弹。它的火控系统装有先进的弹道计算机、激光测距仪、热成像仪和双向稳定器等，使坦克能在崎岖不平的地面高速行驶时准确射击，将目标击毁。在一次与伊拉克 T-72 坦克的遭遇战中，M1A1 坦克由于火力强和火控系统先进，很快先发现对方坦克，而且先敌射击，结果只用一发炮弹就将敌坦克击毁。有一辆伊拉克的 T-72 坦克毁得很惨，竟被 M1A1 坦克掀翻了炮塔。更引人注目的是，苏制 T-72 坦克的前装甲，一般坦克炮是很难穿透的，但 M1A1 坦克的 120 毫米滑膛炮使用的贫铀弹芯穿甲弹，就能毫不费力地将这厚达 200 毫米的复合装甲击穿。

M1A1 坦克火炮在作战中的首发命中距离是 2000～3650 米。在 3000 米射程上，击毁静止不动的敌坦克更是它的拿手好戏。有意思的是，伊军在作战中常采用将坦克埋在沙堆中的纯防御性的战术，这正好使它成为 M1A1 坦克火炮静止射击的靶子，一打一个准。这是因为，伊军坦克虽然像鸵鸟一样将自身隐藏在沙堆里，但 M1A1 坦克上的先进探测仪器很快就能发现它，结果就如老鹰捕小鸡那样一举将它击毁。

M1A1 坦克即使以每小时 15～25 千米的速度行驶，也能稳定准确地射击目标，这就使伊拉克的坦克更加难以反击。

另外，由于 M1A1 坦克上装有热成像仪等观测装置，使它无论在远距离上或在烟雾中都能探测到伊军的坦克。通常，它可以在 1500 米的距离上识别目标，而探测的距离平均可达 2600 米。

M1A1 坦克的另一个特点是，防护性能好，在战场上的生存能力强。它的车体装有强度为普通钢装甲 2.5 倍的像夹心饼干一样的多层复合装甲和强度很高的贫铀装甲，因而抗击毁的能力很强。在整个海湾战争期间，伊拉克的 T-72 坦克用尾翼稳定脱壳穿甲弹击中 M1A1 坦克共 7 例，交战距离都在 1000 米以内，但没有一辆 M1A1 坦克的装甲被击穿，可见它的防护本领之高强了。

在海湾战争期间，尽管作战条件恶劣，但 M1A1 坦克在风沙、雨水、油井火灾形成的烟雾中，仍能出色地完成战斗任务。例如，在 1991 年 2 月 26 日的一次夜战中，美军出动了 M1A1 坦克配合第一骑兵

师，以迅速有力的炮火歼灭了伊军精锐的共和国卫队"依赖真主"装甲师，而自己没有损失一辆坦克。在这次战斗中，伊拉克为了加强防护，将坦克隐藏在坚固的沙墙后面进行射击，但 M1A1 坦克照样给予有力的打击。它发射的 120 毫米脱壳穿甲弹在摧毁沙土墙之后，接着击穿了伊军 T-72 坦克的前装甲，打飞了炮塔，又从发动机室穿到车尾，使敌坦克彻底地瘫痪了。M1A1 坦克真可说是身手不凡、技高一筹。

8 铀制外衣

——M1A1 坦克的"新潮时装"

早在 20 世纪 80 年代末期，美国就为 M1A1 主战坦克制成一种结实而耐穿的外衣——贫铀装甲，以对付苏联坦克上的 135 毫米火炮的袭击。这是继以色列发明的爆炸式装甲后为坦克提供的又一"新潮时装"，引起了世界各国军事界的注意。

贫铀，是生产核反应堆燃料铀时的副产品，像煤中的矸石一样，它常被作为核废料处理掉。它具有一定的放射性，对人体健康有害，人们至今还没有找到一种简单而方便的妥善处理办法。

但是，贫铀却有着其他金属不可替代的性能。它具有高密度（达 18.9 克/立方厘米）、高强度和高韧性，它的硬度是钢的 2.5 倍。各生产核燃料的国家就根据贫铀的这些特性，在为合理地利用它而寻找出路。

20 世纪 60 年代初，美国发现贫铀是制造穿甲弹的理想材料。于是，美国就用贫铀合金制成了硬度高、穿透力强的穿甲弹，并在海湾战争中投入使用，被人们称为"核弹"。

20 世纪 80 年代末，美国认识到这种贫铀是制造坦克装甲的好材料，就首先制成了贫铀装甲。这种贫铀装甲是在普通钢装甲里镶嵌入网状或丝状贫铀材料，经过特殊热处理制成的。由于贫铀装甲坚硬而结实，其抗弹能力可达到钢装甲的 5 倍，因而能有效地防御穿甲弹和破甲弹的攻击，而且不会增加坦克重量和降低坦克的机动性。

美国将这种贫铀装甲装在 M1A1 坦克的车体和炮塔上，经试验证明，135 毫米滑膛炮发射的穿甲弹难以击穿它。在 1991 年的海湾战争中，M1A1 坦克就穿着这种铀制外衣冲锋陷阵，八面威风，迎着敌方密集的炮火奋勇向前而坚不可摧，立下了赫赫战功。

贫铀装甲虽有一定的放射性，但辐射量很小，不会对人体健康造成多大危害。乘坐装有贫铀装甲坦克的人员，在连续工作 75 小时所接受的剂量仅 0.3 毫希，相当于一次 X 光胸透所释放的能量，因此，坐在铀制外衣的坦克里的乘员不需要特殊的防护。

除铀制外衣，美国还给 M1A1 坦克穿上了特制的"围裙"，进一步增强它的防护能力。

这"围裙"就是在坦克两侧的履带与翼子板之外安装的特殊装甲板。它厚 5～6 毫米，采用两层高硬度钢板制成，或者以特殊橡胶制成，有的还用两层高硬度钢板之间夹一层碳纤维材料制作。坦克装上这种装甲板，犹如给坦克穿上了围裙。因此，人们将这种装甲板叫做"装甲裙板"，也有称其为"屏蔽装甲"或者"侧甲板"。

坦克穿上用贫铀制作的特制"围裙"后，防护能力大大增强。这是因为当破甲弹打到装甲裙板上爆炸以后，所产生的高温、高压金属射流先要击穿坚硬的装甲裙板，然后才到达坦克主装甲。但这时的金属射流已被拉得既

"穿着"铀制外衣和装甲裙板的 M1A1 坦克

细又长，甚至被拉断了，因而难以穿透主装甲，这就保护了主装甲和暴露在外的履带、负重轮、主动轮和诱导轮等。试验表明，装甲裙板也能有效地减弱穿甲弹和破甲弹对坦克的破坏效果。

目前，这种用贫铀制成的坦克裙板已成了流行的"时髦服装"，不少国家的坦克，如德国的"豹"2 坦克、俄罗斯的 T-72 坦克等都安装了这种特制的装甲裙板，提高了装甲的防护性能。

9　隐身奇招

——现代坦克的"迷彩服"

当在电影或者电视上看到身胖体大的坦克，一改昔日黑而单调的外装，穿上色彩斑斓的花衣服时，有的人可能迷惑不解：怎么坦克这个五大三粗的庞然大物竟然也要比美？或者是参加"服装表演"？

回答都不是。实际上，这是坦克为适应现代作战需要而换装的隐身服。

很多人都知道"变色龙"这种动物。它依靠表皮下的多种色素块，能随时随地改变身体的颜色，将自己伪装成草丛或树枝，以便捕食虫类。人们由此受到启发，就给坦克穿上迷彩服，伪装成与周围环境相似的颜色，以躲过敌人的侦察，使坦克神出鬼没地活动在战场上。

以前，人们曾将树枝等插装在坦克上，或给它挂上伪装网，使坦克伪装起来。但在现代战场上，这些办法就不那么适用了，一来要浪费很多时间进行伪装，二来限制了坦克在现代化战场上的迅速行动。于是，军事家们就采用了一种新办法，这就是给坦克涂上一层保护色，使它能和"变色龙"的表皮一样，以色彩迷惑敌人，达到隐真示假的目的。

可不要小看坦克这身"迷彩服"的保护作用。有人曾做了这样的试验：将两辆涂有相同色彩的坦克，一辆停在阳光照射的麦地里，并暴露其侧面；另一辆停在有阴影的树林前面，而把正面暴露出来。结果，停在麦地里的坦克在 500 米之外就被进攻的坦克发现；而停在树林前面的坦克，在 300 米之内才被发现。这表明，色彩确实能起到隐身和保护作用，而且与周围环境有密切关系。也就是说，坦克的隐身主要依赖于它的自然背景。

那么，色彩为什么能起保护作用呢？

这主要是利用人的眼睛对色彩的错觉来达到以假乱真的目的。就以单色保护迷彩来说，它能起到降低目标显著程度的作用，换句话说，这种保护色能使坦克和周围环境的颜色融为一体，人的眼睛就难以识别出来。

由于单色保护迷彩易于同单调的背景颜色相接近，所以常用于在草原、沙漠、雪地等上面作战的坦克。而最常用的单色保护迷彩是绿色，其中包括草绿、深绿、灰绿和橄榄绿等，这是因为坦克主要作战区域是森林、草原、丛林和树木繁茂的山区。目前，世界上大多数国家都使用这种颜色。而有些国家如以色列，为了适应在沙漠地区作战的特点，将坦克表面涂成与沙漠近似的沙土色；而英国将其沙漠作战的坦克，涂以带黑色贴片的青石色作为保护色。在 1991 年爆发的海湾战争中，以美国为首的多国部队坦克，也多采用与沙漠颜色类似的单色保护迷彩。

除单色保护迷彩外，现在还出现了一种多色保护迷彩。它是由两种以上颜色绘制成的形状大小不同的斑点迷彩，与我们常见的士兵穿的迷彩服相似。涂有这种保护迷彩的坦克，在各种不同的自然背景中，其颜色斑点既能与相处的背景相融合，又能歪曲坦克外形，掩盖其真实面目。因此，这种多色保护迷彩又叫做"变形迷彩"。

季节不同，大自然的背景也相应地发生变化。因而，变形迷彩应随季节的不同而变换。例如，在夏季常用的变形迷彩是绿色、暗褐色和沙土色组成的色彩斑点；而冬季常采用的变形迷彩是白色和暗褐色组成的

色彩斑点。

随着军事技术的发展，各种现代化的侦察器材如红外探测仪、毫米波雷达等相继出现，给坦克在战场上的生存带来很大威胁，从而也对坦克的隐身技术提出了更高的要求。在这种情况下，一些国家已研制出了新型的迷彩涂料。这些涂料不仅以

穿着"迷彩服"的坦克

色彩和绘制出的图案迷惑敌方，而且还具有反射近红外线、吸收雷达波和红外线的能力，为坦克提供了性能更好的"隐身宝衣"。

10 虚张声势

——德国"虎"式、"豹"式坦克

第二次世界大战前夕，希特勒就决定大量研制和生产坦克，但又不能公开进行，所以他们以发展农用拖拉机为名，秘密地研制坦克。

开始，德国试制了一批轻型坦克，它的发动机功率只有44.1千瓦，全重不到6吨，但这种坦克的驾驶舱狭小，驾驶员操作很困难，而且坦克内的武器少，只有两挺轻机枪。为了掩人耳目，他们将这种轻型坦克取名为"轻型拖拉机"，而将另一些中型坦克取名为"重型拖拉机"。装配好的坦克送到西班牙去试验，其中坦克发动机是装配在运输车上进行试验的。

到 1939 年，德国已研制成数千辆各种类型的作战坦克，其中的Ⅳ型坦克装有 75 毫米火炮和 220.5 千瓦的发动机，最大行驶速度达每小时 45 千米，战斗全重增至 25 吨。这些坦克在希特勒发动闪电战时发挥了重要作用。

1941 年秋天，德军在入侵苏联时却遭到苏军 T-34 坦克部队的激烈抵抗，损失较大。结果德军发现苏军 T-34 坦克的发动机功率达到 372.645 千瓦，火炮口径达 88 毫米，无论是火力、机动性，还是防护性能，均超过德国的坦克。

于是德国又立即研制了一批性能更为优越的坦克，这些坦克采用了 514.5 千瓦的发动机和 88 毫米口径的火炮，有的炮塔装甲厚度增至 188 毫米，有的还在行动部分增加了一个负重轮，从而使坦克的威力和机动性得到明显的增强。为了壮声势，德国将这些坦克分别命名为"虎"式坦克、"豹"式坦克和"皇家虎"坦克等，其中"皇家虎"坦克由于重量增至 69.7 吨，成为第二次世界大战中使用的最重的一种坦克。

11 "飞鱼"吞舰

——"飞鱼"反舰导弹

1982 年，在马尔维纳斯群岛（福克兰群岛），阿根廷和英国为该岛的领土权打了一场激烈的海空战，一般称为"马岛战争"。

战斗一开始，英国军舰就用鱼雷将阿根廷的一艘军舰击沉了。阿根廷的 3 架"超级军旗"战斗轰炸机，携带"飞鱼"反舰导弹，立即从基地起飞。不久，飞机就到达了预定位置。与此同时，英国军舰的雷达屏上也发现飞机的亮点，但茫茫大海上很难辨认出这亮点究竟是什么目

标，就在英国军舰还摸不清头脑的时候，阿根廷飞机已向英国军舰发射了两枚"飞鱼"反舰导弹。

"飞鱼"导弹击中大军舰

灵巧的"飞鱼"反舰导弹像离弦的箭，以每小时 1000 千米的速度向前飞行。为了躲避英国军舰上的雷达搜索，它几乎是贴着海面疾飞，离水面仅 2 米高。

当导弹快接近英国军舰时，导弹上的雷达便开始自动搜索目标，对英国军舰跟踪追击。当英国军舰突然发现导弹飞来时，已经晚了。就在这一瞬间，一枚"飞鱼"反舰导弹在英国军舰吃水线上部 1.5 米处斜开一个大洞，钻了进去。

钻进舰内的导弹，像一条飞鱼在军舰里面横冲直撞。它先穿过正在做午饭的厨房，又冲进舰上的控制室，最后在机舱上面猛烈地爆炸了。顷刻间，浓烟滚滚，整个军舰变成一片火海……尽管水兵们全力抢救，这艘遭受严重破坏的军舰还是葬身于海底了。

一枚小小的"飞鱼"导弹，竟"吃"掉了一艘现代化的大军舰，使人们对它刮目相看。它的身价也顿时倍增，由每枚 20 万美元的价格猛涨到 100 多万美元。即使这样，人们认为还是合算的，因为造一艘军舰的价格可比它高多了。

"飞鱼"导弹长约 4 米，重约 600 千克，射程为 50～70 千米。它除从飞机上发射外，还可以从军舰上、陆地上以及潜艇上发射，但都是用来攻击军舰的，所以它是属于反舰导弹武器。

"飞鱼"导弹是法国在 20 世纪 70 年代初制成的一种空对舰导弹。

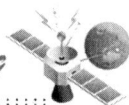

这种导弹之所以敢和大军舰较量，主要是因为它具有以下克敌制胜的优点：一是突破防御的能力强。它的飞行高度一般不超过 50 米。接近目标时，飞行高度仅约 5 米。这样，敌舰上的雷达难以发现。即使发现，也因为距离近，飞得低，难以进行反击。二是制导装置先进，使它打得准。这类空对舰导弹的制导方式较多，有的用雷达制导（"飞鱼"导弹就是采用这种制导方式），有的用红外线制导，还有用电视制导和激光制导等。这些制导方式的抗干扰能力较强，因而击中目标的准确性就较高。当然，也有例外的情况，例如阿根廷轰炸机发射的两枚"飞鱼"导弹，就有一枚因受电子干扰而未能击中目标。三是装载和发射操作方便，反应快。"飞鱼"导弹从雷达发现目标到发射导弹，前后仅需 1 分钟左右，从而能很快捕捉目标，将目标击毁。

12　长尾巴弹

——反坦克导弹

第二次世界大战后期，德国法西斯为了挽救其败局，由陆军武器局制订了一个研制新武器的应急计划，其中一个项目叫做"小红帽"。

"小红帽"就是最早的反坦克导弹，它是在空对空导弹的基础上研制的。从 1944 年 2 月开始研制，用了 7 个月的时间，"小红帽"便正式问世。然而，这种导弹还未来得及在战场上显身手，德国法西斯就战败投降了。

第二次世界大战结束后的 1946 年，法国在"小红帽"反坦克导弹的基础上，开始研制新型的反坦克导弹。经过 10 年的苦心钻研，终于在 1955 年研制成功，它就是最早装备军队的反坦克导弹——SS-10 反

坦克导弹。它的弹头呈卵形，弹长 860 毫米，动力装置为火箭发动机。导弹上有制导装置，由射手瞄准操纵，控制其飞行。苏联于 20 世纪 50 年代初也研制成功反坦克导弹，并在第四次中东战争中使用。

1973 年的第四次中东战争开始不久，埃及军队就在西奈半岛上配置了大量的反坦克武器，包括反坦克导弹、无坐力炮和火箭筒等。埃及第二步兵师的战士们，3 人一组埋伏在距公路二三百米远的阵地上。

一天，以色列两个装甲旅的 200 多辆坦克开始向埃及第二步兵师的阵地发起进攻。不一会儿，打头阵的以色列的王牌军——第 190 装甲旅的坦克群气势汹汹地开进了埃及军队的伏击圈。随着埃及军队指挥官的一声令下，各种反坦克武器劈头盖脑地向以色列坦克群射击。那身长不到 1 米的"赛格"反坦克导弹，更是异常活跃。它拖着一条长长的电线尾巴，像一只只矫捷凶猛的山鹰，直向敌人的坦克群扑去。顿时火光闪闪，爆炸声四起，敌人的坦克被打得乱作一团，有的中弹爆炸，有的燃料起火，有的炮管断裂，有的翻仰在地……仅用了 3 分钟，就一举击毁了敌人 85 辆坦克，王牌军全军覆没，旅长也被活捉，埃军打了一个漂亮的伏击战。

据后来统计，在这次战斗中，以色列损失的坦克中有三分之二是被反坦克导弹击毁的。每辆坦克上至少有两个弹洞，有一辆上竟穿了 6 个窟窿。这一仗，小小反坦克导弹锋芒毕露，打出了威风，格外引人注目。

反坦克导弹袭击坦克

反坦克导弹出名之后，各国都下大力研究它，因而发展很快。目前，第四代反坦克导弹正在试验研制之中，不久即可问世。

第一代反坦克导弹基本上是由射手眼观手动操纵的，操作命令是通过一根长长的导线传给导弹，所以这种导弹在飞行时要拖着一条长长的尾巴。苏联的"斯瓦特"、法国的SS-10、英国的"旋火"反坦克导弹是第一代的代表。第二代反坦克导弹采用了红外线进行半自动控制。发射后，射手只要把瞄准镜内的十字线对准目标，导弹就会按照地面仪器发出的命令飞向目标。不过，它还需要长尾巴传达操作命令。这一代的典型代表是法国和德国合制的"霍特"反坦克导弹。第三代反坦克导弹采用激光控制导引，能自动追击目标，因而长尾巴就"退化"掉了。法国的"阿克拉"反坦克导弹是第三代反坦克导弹的代表，它采用激光制导，并去掉了长尾巴。

13 鹰击长空

——"响尾蛇"空对空导弹

1973年8月中旬，美国第六舰队在地中海的锡德拉湾海域附近进行军事演习。8月19日凌晨7时左右，已宣布锡德拉湾为其领海的利比亚，便派出两架"苏-22"截击机到锡德拉湾上空巡逻。

当利比亚飞机刚起飞不久，就被在美国舰队附近上空执行警戒指挥任务的E-2C型"鹰眼"式预警飞机发现，并随即指挥和引导美军两架F-14战斗机迎击利比亚飞机。

就在美国、利比亚双方4架飞机相距6千米时，利比亚飞机便"先下手为强"，立即向美机发射了一枚"环礁"式空对空导弹。只可惜这

种导弹的跟踪追击的本领太差，美国飞机略施小计便摆脱了导弹的跟踪，使利军的导弹偏离了目标而"自毁身亡"。

"响尾蛇"导弹

这时，美军 F-14 战斗机迅速瞄准利军"苏-22"飞机，发射了一枚本领高强的"响尾蛇"空对空导弹。只见这枚导弹像一颗流星一样拖着长长的白尾巴向"苏-22"飞机飞去。利军飞行员将飞机左转右摆地飞行，试图甩掉"响尾蛇"导弹的跟踪，但总是摆脱不了，而"响尾蛇"导弹已死死咬住"苏-22"飞机不放。顷刻间，"苏-22"飞机凌空爆炸。随后，另一架美机也发射了一枚"响尾蛇"导弹，将利军的另一架"苏-22"飞机击落，前后总共才 1 分钟时间，可见"响尾蛇"导弹何等厉害。

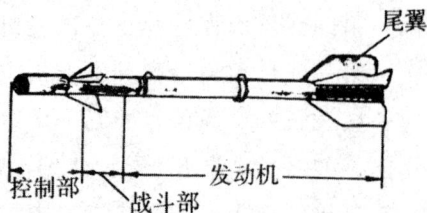

那么，"响尾蛇"导弹为何有这种紧追不放直至将敌机击落的本领呢？

原来，它是仿照响尾蛇的特殊功能而研制成的一种用来打飞机的导弹，所以起名叫做"响尾蛇"导弹。

大家知道，自然界中的任何物体都能向外发出一种人眼看不见的红外光，也就是人们常说的红外线。这种红外线的强弱和物体的温度有关，温度越高，发出的红外线越多。

在南美洲有一种响尾蛇，对这种红外线的感觉特别灵敏。它捕食时并不用眼睛去看，而是根据感觉到的红外线强弱来判断被猎捕者为何物及其距离远近。例如，有一只老鼠从它身边跑过，响尾蛇就能根据老鼠身上发出的红外线马上觉察出来，并随即扑上去将老鼠吃掉。

美国仿效响尾蛇的这一特点，于 1953 年研制成取名为"响尾蛇"的空对空导弹。这是世界上第一种用红外线控制导引的空对空导弹。这种导弹长 2.84 米，直径 0.127 米，重 70 千克，飞行速度为音速的 2 倍，最大射程可达 11 千米。在导弹头部的最前端，装有一种能觉察红

外线并将它接收进来的装置。这种装置与导引控制机构配合，操纵导弹来追击飞机。

"响尾蛇"导弹之所以能自动追击飞机，是因为飞机尾部喷出的气流温度高，放出的红外线自然就强，导弹头部装的红外探寻装置接收的红外线也就多，然后通过导引控制机构来追踪这束较强的红外线，结果就会追踪到放出红外线的飞机。因此，只要飞机的发动机向外喷射热气，导弹就会像响尾蛇捕捉老鼠那样，顺着红外线紧追飞机不放，直到将敌机击中。

但是，当"响尾蛇"导弹接近飞机时，如果飞机突然来个急转弯，它尾部喷出的气流也立即变换了方向，这时导弹就难以接收到原先追踪的那束红外线，而此时太阳发出的红外线就显得强多了，于是导弹就会朝着太阳的方向飞去。

导弹迎着阳光飞去

"响尾蛇"导弹的外形像一根细长的圆棒，它由四大部分组成：靠近导弹头部的是控制导弹飞行的导引机构；接着是装有炸药的导弹战斗部；再下来是火箭发动机，用来推动导弹向前飞行；最后一部分是弹尾，上面装着尾翼，以保证导弹稳定飞行。这种导弹通常能射击7千米以内的目标。

空对空导弹是从20世纪40年代末期开始研制的。目前，世界各国已制成的空对空导弹有50多种，"响尾蛇"导弹是其中的佼佼者，现已出现了第三代，并被很多国家选用。

14 天外横祸

——V型导弹

1944 年，第二次世界大战还在激烈地进行着。一天晚上，夜幕笼罩着英国首都伦敦的上空，只有街上的路灯还闪着昏暗的亮光。紧张了一天的人们，已经陆续休息了。

突然，宁静的夜空响起了急促刺耳的警报声，慌慌张张奔出门外的人们还没来得及进入防空洞，就看见远处火光闪闪，紧接着传来了轰隆轰隆的巨大爆炸声，整个城市好像都在剧烈地摇晃着。顿时，大地震颤，房屋倒塌，尘烟滚滚，哭喊声连天……

这下可忙坏了地面防空部队，他们立即进行侦察和搜索。刺眼的探照灯光柱在天空来回交叉照射，把夜空照得如同白昼一样，但是连一架敌机的影子也没有见到。惊呆的居民这时才如梦初醒。面对这飞来的天外横祸，人们既惶恐不安，又疑惑不解，为什么连一架飞机都没见到，就掉下来这么多炸弹呢？

原来，这是德国从 300 千米外的荷兰海岸发射过来的新式武器，它在几分钟内就越过波涛滚滚的英吉利海峡，直向伦敦飞来。这就是世界上最早的导弹

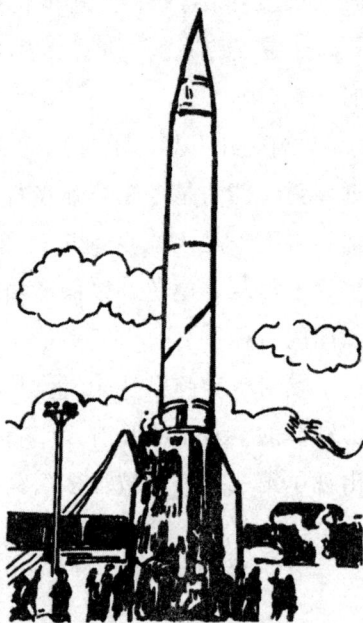

V-2 型导弹在试验场

——V-2 型导弹。

1933 年，德国纳粹上台后，纳粹头目希特勒为了独霸欧洲，掠夺世界各国，疯狂进行扩军备战。他看到火箭速度快，飞得远，一定可以成为强有力的武器，不惜拨款 3 亿马克研制可以控制飞行的新式火箭武器，即后来的 V-2 型导弹。

其实，德国设计研制 V-2 型导弹的专家，本来是致力于研制飞向太空的液体火箭的。既然军方要求他们将这项研究转向为一种武器，于是这种本来打算利用作太空交通的工具，就成为了厉害的杀人武器。

V-2 型导弹使用液体推进剂发动机作为动力推进，由制导系统导引和控制它的飞行路线，并导向预定的目标。它重 13 吨，长 14 米，最大射程为 300 千米，射击准确度在半径 3～5 千米内，弹头装的是普通炸药，于 1942 年制成。

战后，英国、苏联、美国等对其加以研制和不断改进，并分化发展为各种不同性能的导弹系列武器。

15 "战斧"亮相

——巡航导弹

1991 年 1 月，海湾战争爆发，以美国为首的多国部队发动了代号为"沙漠风暴"的军事行动，开始对伊拉克境内的军事目标进行大规模的空袭。

在这次袭击中，美国第一次使用了一种导弹，它能够贴着海面或地面飞行，从而躲开敌方雷达的探测，出其不意地进行袭击，准确度很高，甚至后一枚导弹可以飞进前一枚导弹所炸开的洞口之中。它就是首

次公开使用的新式战略武器——"战斧"巡航导弹。

"战斧"巡航导弹的命中率达 75%。比如，美军从东地中海潜艇上发射的"战斧"巡航导弹，在避开叙利亚上空，绕道土耳其南部地区，飞行 1000 多千米以后，准确地击中了伊拉克北部的军事目标。

"战斧"巡航导弹的命中率高，主要在于它具有先进的制导系统。导弹从舰艇上发射后，先加速向上爬升，校正高度，然后自动转为低空（海上 7~15 米，陆地平坦地区 60 米以下，崎岖山区 150 米左右）作亚音速（每秒 238 米）巡航飞行。它还具有自动搜寻目标装置，可以避开高山和己方设施，避开敌舰或敌方雷达。当计算机系统搜寻到攻击目标后，会自行调整高度及速度，立即进行高速攻击。由于"战斧"巡航导弹表面有吸收雷达波的涂层，因而与隐形飞机一样，可以不被敌方雷达发现。它的计算机制导装置具有性能优良的信息储存系统，可以识别：

1、2. 导弹从舰艇上发射，达到发射段最高点，发动机达到最大推力；

3. 转入海上巡航飞行（7~15 米高度）；

4. 进入陆地巡航飞行（150 米以下）；

5. 作变轨飞行，以避开敌防空系统；

6. 命中目标敌我、鉴别地形等。

"战斧"巡航导弹是目前世界上最先进的巡航导弹，它身长 6.17 米

"战斧"巡航导弹作战示意图

（带助推器），弹径 0.527 米，翼展 2.65 米，可以从陆地、海上及空中发射，射程为 1112～1297 千米。

16   智能武器

——"黄蜂"反坦克导弹

1980 年，美国宣布要增加国防预算，大力研制新型战略洲际导弹、飞机和坦克，用来对付未来战争中可能出现的集群坦克。

这是因为，当时北约国家在西欧的坦克数量比较少，如果用坦克来对付集群坦克，那就得生产足够数量的新型坦克，这需要相当的经费。以美国 M-1 型坦克来说，当时每辆造价达 120 万美元，几千辆这样的坦克就要几十亿美元。

为此，美国政府大动脑筋，最后设想，如果用导弹一对一地歼灭集群坦克，一定是合算的，所以就决定要研制一种名叫"黄蜂"的新型导弹，以对付集群坦克在数量上的优势。他们还算了一笔账："黄蜂"导弹每枚造价只需 2.5 万美元，相当于 M-1 型坦克造价的 1/48。将来打起仗来，用一枚"黄蜂"导弹这粒"芝麻"去击毁一辆坦克——一个大"西瓜"，显然是值得的。

但问题又出现了，要想用一枚"黄蜂"导弹击毁一辆坦克，就得要求"黄蜂"导弹命中率必须达到百发百中，具有智能。为此，美国采用了现代高新技术，很快制成了具有智能的"黄蜂"导弹。

"黄蜂"导弹采用毫米波雷达和红外线跟踪器制导。毫米波雷达是一项新技术。一般的雷达使用的是厘米波，虽然厘米波可以透过云、雾、雨、雪探测目标，但需要用大型天线来提供导弹探测器所需的分辨

率，而且易被敌方电子设备干扰和发现。毫米波雷达就不同了，它可以使用小型天线，这样不易被发现，而且抗干扰的能力也较强。另外，在"黄蜂"导弹上还装备有识别装置和微处理器，使它能识别不同的目标，并能自动追踪目标，直到将目标击毁。

"黄蜂"导弹是美国空军专门用来攻击集群坦克的一种机载武器，就是说，它是由战斗机或武装直升机携带和发射的。发射前，12 枚"黄蜂"导弹排列在一个发射吊舱内，F-16 战斗机一次可携带 2 个发射吊舱。导弹既可单个发射，也可一次连续发射 12 枚，发射完毕，就将吊舱抛掉。

"黄蜂"导弹从发射管发射后，就可以自动搜索、追踪目标了。它可以超低空贴着地面飞行，根据毫米波雷达跟踪器所提供的有关地势高低的信息，始终与地面保持一定的高度。

"黄蜂"导弹追击坦克示意图

"黄蜂"导弹的独特之处，是它具有"自我思维"的能力。一群共12枚导弹有秩序地从发射管发射后，每个弹上的毫米波雷达和红外线跟踪器便自动开始工作，使导弹不仅能追踪辐射热的物体，而且配备的识别装置和微处理器使它能区别开哪些是伪装物，哪些是真坦克。特别是导弹上的计算机，使每个"黄蜂"导弹都能自己选择一个坦克作为攻击目标，而且还能知道这个坦克是否已被别的导弹跟踪，一旦被选择的坦克已被别的导弹跟踪或已被击毁，它还会机敏地飞向另一辆坦克，真称得上弹无虚发。

17 拦截有术

——"爱国者"地对空导弹

在1991年的海湾战争中，交战的一方是以美英为代表的多国部队，另一方则是伊拉克。交战激烈的时候，伊拉克发射了"飞毛腿"导弹。这本是一种很先进、很厉害的武器，不料刚一发射，就遇到了处于待发状态的美国"爱国者"导弹的拦截，很快，"飞毛腿"导弹的弹头就在空中爆炸了。在整个海湾战争中，伊拉克发射的45枚"飞毛腿"导弹被"爱国者"导弹摧毁了42枚。"爱国者"导弹真是个拦截有术的"好猎手"。

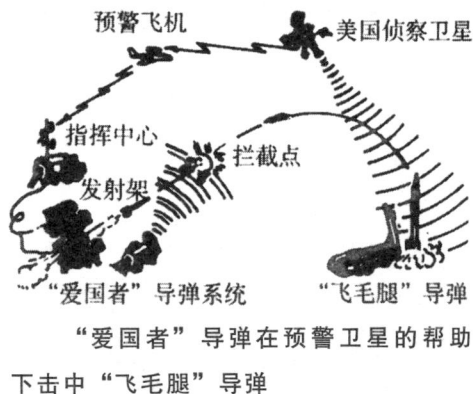

"爱国者"导弹在预警卫星的帮助下击中"飞毛腿"导弹

　　"爱国者"导弹是美国于1972年研制的全天候地对空导弹，1985年正式装备部队，是地对空导弹中的佼佼者。

　　"爱国者"导弹先进的性能首先来源于它那机警敏锐的"眼睛"——多功能相控阵雷达。这种先进的雷达能同时担负搜索、识别、跟踪、照射目标、制导导弹和电子对抗等多种任务。可在较大的空域内对100个目标实施搜索、监视，并可同时跟踪8个目标，向5枚导弹发送指令，制导3枚导弹，拦截3个目标。相控阵雷达捕捉目标的过程短、准确性高，而且作用距离远，一般空中目标很难从它的眼皮下溜走，"飞毛腿"导弹当然也很难逃脱它的探测与跟踪。另外，还有侦察卫星和空中预警飞机向"爱国者"导弹传送情报，能使它更快、更准确地跟踪目标，进行拦截。

　　"爱国者"导弹的飞行速度最大可达音速的5～6倍，即每秒2～2.3千米。一般的地对空导弹的飞行速度为每秒1～1.2千米，可说是望尘莫及，"飞毛腿"导弹更不在话下了。"爱国者"导弹具有高空、中空、低空和远程、中程、近程的攻击能力，在它的战斗部内装有烈性炸药或核炸药，杀伤半径达20米。

　　"爱国者"导弹的发射系统自动化程度高，反应快。作战时，一旦捕捉到目标，每台发射车都可以通过无线电遥控发射，几分钟内就能将导弹发射出去。再加上导弹上先进的复合制导方式、强抗干扰能力、高制导精度，因而拦截与击毁"飞毛腿"导弹自然是十拿九稳了。

18 惹人瞩目

——"飞毛腿"地对地导弹

1991 年海湾战争中，伊拉克向以色列和沙特阿拉伯发射的"飞毛腿"导弹是苏联研制的一种地对地战术导弹，有"飞毛腿"导弹 A 型（即 SS-16 地对空战术导弹）和"飞毛腿"导弹 B 型两种，B 型是在 A 型导弹的基础上于 20 世纪 50 年代末研制的。埃及、伊拉克、叙利亚等中东国家都装备有这种导弹。这种导弹长 11.6 米，弹径 0.88 米，导弹战斗部重 1 吨，既可装普通炸药，也可装核炸药或化学战剂（即毒气）。它的最大射程 300 千米，命中精度在 300 米以内。由此可以看出，"飞毛腿"导弹 B 型的弹头内装的炸药很多，但射程较近，打得也不准。

伊拉克用这种 B 型导弹能打到以色列首都特拉维夫吗？实际上是打不到的，因为伊拉克的导弹基地距以色列首都至少也超过 400 千米。于是，伊拉克军队用另一种叫做"侯赛因"的导弹来袭击特拉维夫。这种导弹是在两伊战争期间伊拉克花钱请外国公司帮助改进 B 型导弹而成的，西方国家称它为"飞毛腿"导弹 C 型。

"侯赛因"导弹的战斗部比"飞毛腿"B 型导弹的战斗部重量减轻了，仅重 135 千克，但加大了推进剂的重量，从而使射程从原来的 300 千米加大到 600 千米。

然而，早在海湾战争爆发前，伊

"飞毛腿"B 型导弹

拉克就构筑了大量坚固的防护设施，将"飞毛腿"导弹隐蔽起来；还采取以假乱真的办法，用木板、塑料和铝箔等制成了大量的假"飞毛腿"导弹，并从意大利等国进口了许多仿真假导弹。发射导弹时间一般多在凌晨前后，而且发射完就换地方或立即隐蔽起来，使美国像"大海捞针"一样难以寻找。美国虽然拥有世界上最先进的侦察手段，能对战场进行全天候、全方位、多渠道、不间断的侦察监视，也很难从空中发现。直到1993年，联合国核查人员还发现伊拉克隐藏了20多枚"飞毛腿"导弹。

19　顺藤摸瓜

——"百舌鸟"反雷达导弹

1972年4月，正值越南抗美战争期间，越南某高炮部队的警戒雷达发现了美国飞机。正当雷达天线发射的电波紧紧抓住了敌机，炮手们屏住呼吸等待命令开火时，猛然间，"轰"的一声巨响，雷达已被炸毁。原来，是美国飞机发射的反雷达导弹将雷达摧毁了。

反雷达导弹为什么能准确地击毁雷达呢？原来雷达在工作时必须向四面八方发射无线电波，再根据反射回来的无线电波进行分析和定位，发现目标。而反雷达导弹正是沿着雷达发射的无线电波，"顺藤摸瓜"，找到了雷达所在地点，于是以电波为制导，一举将雷达炸毁。雷达遭受"杀身之祸"，正是来自它自身不断发出的无线电波。

美国发射的反雷达导弹叫"百舌鸟"，是美国在20世纪60年代初期研制的第一代反雷达导弹，1964年开始装备部队。"百舌鸟"反雷达导弹是利用雷达发射的无线电波为制导的，因此命中率非常高。

当载有"百舌鸟"反雷达导弹的飞机被地面雷达跟踪后，雷达发射

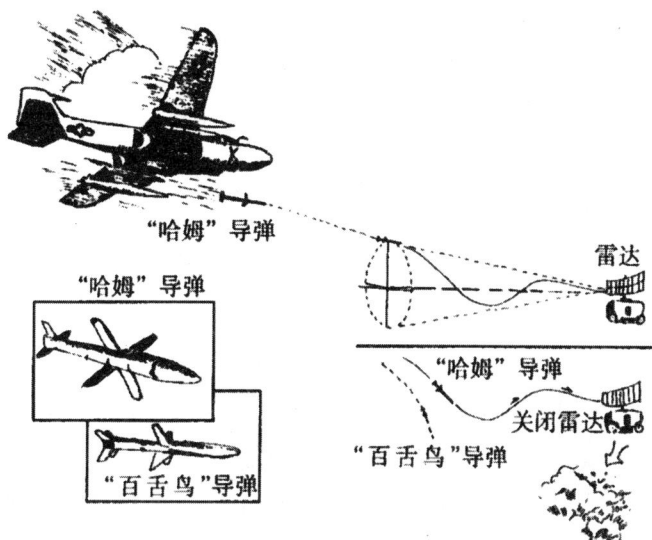

反雷达导弹攻击雷达

出的无线电波就成了"百舌鸟"反雷达导弹寻找袭击对象的向导。导弹进入雷达波束后，它上面的自动寻找目标系统便开始工作，控制导弹沿着雷达发出的波束飞向雷达，从而将雷达准确地击毁。

后来在越南战场上，地面雷达也抓住了"百舌鸟"导弹一离开雷达波就失灵的弱点，就时而打开雷达，时而又关掉雷达，开开停停；或者打一枪换一个地方，即雷达开机工作一段时间，然后立即转移阵地。这样，"百舌鸟"导弹要么找不到目标而扑空，要么受骗上当，自投罗网。

20世纪80年代初期，美军对"百舌鸟"导弹进行了改进，研制成带有记忆装置的第二代反雷达导弹——"标准"反雷达导弹和"哈姆"反雷达导弹。

1986年，在美国与利比亚的军事冲突中，有着镀金外壳的"哈姆"反雷达导弹大显身手。当"哈姆"导弹沿地面雷达波束飞过来时，利比亚指挥官急忙叫雷达手关机。可是为时已晚了，带有电脑记忆功能的"哈姆"反雷达导弹凭着记忆，仍向已关机的雷达站扑去，眨眼间就将雷达击毁了。

20 锋芒初露

——"萨姆-6"防空导弹

1973年的第四次中东战争，交战的一方是埃及和叙利亚，另一方是以色列。一天，埃及和叙利亚空军的轰炸航空兵，对以色列占领的西奈和戈兰高地实施了突然袭击，以色列空军立即还击。不料刚一飞上天空，一架飞机就被埃及的防空导弹击中了，这一下非同小可，以色列的其他飞行员顿时紧张起来。他们觉得奇怪：在受到导弹攻击之前装在飞机上能对防空导弹进行报警和电子干扰的电子黑匣子为什么失灵了呢？

原来，在1967年的第三次中东战争中，以色列在"鬼怪式"等飞机上装了一种电子黑匣子，一旦飞机被"萨姆-2"或"萨姆-3"防空导弹捕捉，它就会自动向飞行员告警，并同时对防空导弹制导雷达进行干扰，使防空导弹无法击中飞机。

然而，为什么这次电子黑匣子没有起作用呢？原来，制造"萨姆-2"防空导弹的苏联，针对以色列飞机电子黑匣子的特点，又研制成一种采用新的工作频率和多种制导方式的"萨姆-6"防空导弹，秘密地补充到埃及和叙利亚的防空导弹网中。这种导弹是一种较先进的地对空导弹，采用全程半主动雷达导引，即导弹发射后，地面的雷达始终把电波束对准目标。导弹的飞行方向就是由目标反射回来的无线电波来控制的，直到命中目标。此外，导弹上还可装红外导引头，弹头上的热探测器一旦感受到飞机发动机喷出的热气流，导弹便紧追这个热源（飞机）不放。而以色列空军对此一无所知，还在利用原来对付"萨姆-2"防空导弹的制导方式和工作频率的电子黑匣子，自然就不灵了，肯定是要吃

苦头的。仅在这次战争的头几天战斗中，以色列就损失了一半以上的飞机。

"萨姆-6"防空导弹还能够击中高度低于100米的低飞目标。它的两个雷达系统能在几分之一秒内提供出飞机的高度、方向、速度等各种数据。接着，电子系统接到控制装置的指令，便自动发射火箭。改进了制导系统的"萨姆-6"防空导弹，在离目标最后几百米时，弹头上的热探测器感受到飞机发动机喷出的热气流，导弹便把进攻方向对准这一热源，紧追不放，直到命中为止。即使导弹不直接命中飞机，只是在附近爆炸，弹片也能将飞机击伤或击毁。

被"萨姆-6"防空导弹不断袭击的以方，也曾想了许多办法，要弄清它的工作频率和工作方式，如派侦察卫星和无人驾驶飞机进行观察，但一时间却没能研制出有效的干扰设备。

萨姆导弹共有兄弟十多个，它们都是苏联在20世纪50～60年代中期制成的防空导弹，其中"萨姆-6"本领高强，屡建奇功。

防空导弹，也即地对空导弹，是第二次世界大战后出现的一种新型的防空武器。由于它比高射炮的炮弹飞得高、打得准，又比防空歼击机机动灵活、反应快，而且不需要机场，所以颇受人们重视，发展很快。

防空导弹主要用来攻击诸如飞机等高速活动目标，要求具有较强的机动作战能力，所以大多数防空导弹都采用两对弹翼，并用倾斜式的发射架发射。为了使它能快速起飞，并能很快地加速到较高的速度，在发射时都采用加速器来提高速度。而加速器实际上是一种火箭发动机。在制导装置方面，现在大多数防空导弹采用无线电指令制导系统，也有用红外线或雷达控制操纵的。

21 以小拼大

——洲际导弹出世

1945 年，第二次世界大战中的纳粹德国战败后，苏联军队随即占领了德国火箭基地佩纳明德岛和罗德豪森。当时，苏军官兵对纳粹非常仇恨。负责接收工厂的苏军指挥官在把可用的设备拉走后，竟下令把残余的火箭部件销毁。后来虽被上级发现制止，但已所剩无几。

在运回苏联的设备和半成品中，有两枚较完整的德国制造的 V-2 导弹和有关的技术资料。不久，苏军又在德国俘获了上千名火箭研制技术人员，其中火箭专家达百余人，弄回苏联当顾问。

苏军统帅斯大林对远程火箭的研制极其重视，在战后苏联经济极为困难的情况下，仍然舍得大量投资，为火箭和导弹的研制创造条件。在苏联各部门的大力支持下，1947 年 10 月 30 日仿制 V-2 导弹成功，并生产了几百枚。同时，苏联培养了导弹技术人才。紧接着，研制出 V-2 导弹的改进型 P-2 导弹，即通常所说的 SS-1 导弹，并在 1948 年试射成功。这是苏联第一枚自行设计的导弹，其射程为 300 千米。随后，苏联于 1949 年 8 月 29 日爆炸了第一枚原子弹。这样，原子弹和导弹的结合就为远程战略导弹的出现创造了有利条件。

1950 年，苏联在 SS-1 导弹的基础上制成了 SS-2 导弹，射程可达 500 千米以上。

苏联研制成的 SS-1 和 SS-2 导弹，都是由使用酒精和液氧作推进剂的单级火箭驱动，要进一步提高射程是很困难的，因为酒精和液氧产生的推力较小。于是，在格鲁申柯领导下，从 1948 年开始研制煤油和液

氧作推进剂的火箭发动机。在研制过程中，由于碰到复杂的技术问题，所以直到1955年才研制成用煤油和液氧作推进剂的中程导弹SS-3，射程可达1750千米。这种导弹在1957年十月革命节时通过红场接受检阅。

由中程导弹到洲际导弹，虽然只是一步之遥，然而必须有大推力火箭发动机才能制成洲际导弹。而现有的煤油和液氧发动机的推力不足，重新设计大推力发动机又费钱、费时，而且制造也很困难。在这种情况下，苏联的一些专家就构思出用并联小发动机产生大推力的巧妙办法。这就和地面上的汽车用人力推动的道理一样，如果一个人用力去推，不一定能将汽车推动，而若用十多个人去推，那么汽车很快就会跑动起来。

由于专家们的思路正确，所以苏联在1957年8月26日成功地发射了以液氧和煤油作为推进剂的洲际导弹SS-6，射程达8000千米。这枚导弹用20台约250千牛推力的发动机并联产生5000千牛的总推力，射程精度约为10千米。它的偏差虽然大了一些，但装上500万吨T.T当量的核弹头，就足以显示自己的威风。SS-6实际上也是世界上第一枚洲际导弹。

SS-6洲际导弹的发动机，可说是个出类拔萃的大力士，苏联在1957年10月4日利用它发射了世界上第一颗人造地球卫星，开创了人类遨游宇宙太空的新纪元。

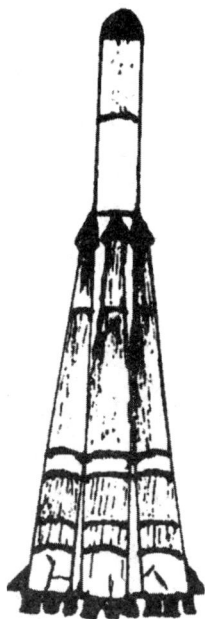

SS-6 洲际导弹

22 超级大炮

——射向太空的超远程炮

1993 年，美国《太平洋星条旗报》发表了这样一条引人注目的消息：美国劳伦斯·利弗莫尔研究所打算用身管长达 47.2 米的大炮试射 5 千克重的炮弹，以验证超高速轻气炮将有效载荷送到高空的可行性。预计炮弹的飞行速度可达 4 千米/秒。如果试验成功，这家研究所将建造一门更大型的火炮，并从范登堡空军基地向太平洋上空发射能达到 434 千米高空的炮弹。继而，还将研制一种全尺寸的火炮，以便把有效载荷送上月球轨道。这实际上是要用大炮代替火箭来发射卫星。

果然，在 1994 年年初我国新华社播发了美国这家研究所更令人惊奇的计划。他们将建造口径达 1.7 米的超级大炮，用来发射用火箭运载的卫星，并将这门大炮命名为"儒勒·凡尔纳"大炮，以纪念法国著名科幻小说家儒勒·凡尔纳。

就在这项火炮探空计划实施的前一年，加拿大麦基尔大学就曾单独进行过火炮探空试验，并把它作为学校机械工程系研究活动的项目。这项活动开展不久，美国陆军就通过当时正在实施较小口径火炮探空计划的位于美国阿伯汀靶场的弹道研究所，对麦基尔大学的研究项目在经费和技术上给予全面支持。基于这种情况，不久两家就合二为一，联合进行火炮探空试验，并决定由加拿大空间弹道专家布尔博士与默彼博士担任这项研究计划的技术指导。

布尔博士对空间弹道颇有研究，并一直坚持把第二次世界大战中德国所用的 V-2 火箭改为远程大炮的研究，以便用低廉的费用来发射探空

火箭。

火炮探空试验所使用的火炮，基本上都是由当时正在服役的制式火炮去掉膛线、加长炮管改制而成的。就以较小口径火炮来说，是将美军 M107 型 175 毫米加农炮装在 T76 型炮架上，改装成 L92.4 型 177.8 毫米探空火炮；又将 T123 型 120 毫米加农炮改装成 L70 型 127 毫米探空火炮。而大口径火炮是由美国海军 MK1 型 406 毫米舰炮改装成 424 毫米探空火炮。这种探空火炮共改装了三门：第一门是 L86 型火炮，身管长 36.4 米，安装在巴巴多斯；第二门是 L126 型火炮，身管长 52 米，安装在美国和加拿大边境的高空研究院海沃特研究所的一个旧靶场内，它是身管最长的火炮，身管是由两段结合而成的；第三门火炮与第一门一样，身管都是 36.4 米长，它安装在美国的亚利桑纳州的尤马靶场。

这三门探空火炮担负着不同的试验任务。安装在巴巴多斯 L86 型探空火炮，主要用于科学研究；安装在海沃特靶场的那门炮，其射角为 $0°\sim10°$ 范围，只能进行水平射击，射程可达 $3\sim5$ 千米，用来进行各种工程支援；安装在尤马靶场的探空火炮，主要进行沙漠试验，因为这里是美国气候最干燥的地区。

上面的三种探空火炮，其口径均为 424 毫米。它们发射的并不是普通炮弹，而是叫做"欧洲燕"的箭形弹。这种火箭弹由弹托、弹体、尾翼和弹头部等组成。在弹头部内装有各种探测与测试仪器。箭形弹用火炮可以发射到 200 千米的高空。

这种探空火炮既可进行太空探测，即用大炮发射卫星，又可用来发射飞得像洲际导弹那样远的超远程炮弹，这样的炮弹比导弹的成本低得多，因而是未来火炮发展的趋向之一。

23 "钢雨"烈焰

——多管火箭炮

1991 年的海湾战争中，伊拉克地面部队拥有 3500 多门口径不同的榴弹炮、加农炮以及 200 多门多管火箭炮，而且伊拉克还从南非购入了 G5 型 155 毫米榴弹炮。这种炮是目前世界上同类武器中射程最远的一种，超过美国炮兵部队的所有野战火炮。

面对这种不利的形势，美国决定在对伊拉克加强空中打击的同时，立即调集美国本土和驻欧洲各地的火箭炮部队，抢先向伊军发动了大规模的进攻。密集的火箭炮咆哮着在伊拉克阵地上不断地爆炸，无数弹片像"钢雨"般地撒落下来，立即在地面上形成一片火海，烈焰熊熊摧毁了伊拉克许多火炮阵地、导弹发射阵地和指挥所。据伊拉克的一位炮兵军官说，他指挥的 100 门火炮受到了沉重打击，其中有 71 门炮是被吓人的多管火箭炮击毁的。

的确是这样，美国在海湾战争中使用的多管火箭炮是一种远射程无控（即无制导装置）火箭炮。它的发射车是用"布雷德利"步兵战车改装而成的。在发射车的上部有两个长方形发射箱，每个箱内装有 6 枚火箭弹。每枚火箭弹长约 4 米，重达 306 千克，最远可射到 32 千米，而且它是一种双用途子母型火箭弹，每个火箭弹中装有 644 个反坦克子弹。一门多管火箭炮一次齐射，可发射 12 枚火箭母弹，这些火箭母弹可撒出 7728 颗子弹，真可说是"弹雨倾盆"，它们撒落下来的面积足有 6 个足球场那样大。每个子弹的杀伤威力犹如一颗手榴弹，爆炸后可以杀伤周围 6 米内的敌人。在弹上还有一个用来打坦克的战斗部，可以击

穿 100 毫米厚的坦克装甲。

多管火箭炮还有一个独特的绝招，就是它不仅可以发射无控火箭弹，而且可以发射威力更大、落点更准确的战术导弹；甚至可以用一个发射箱发射 6 枚子母型火箭弹，用另一个发射箱发射 1 枚子母型导弹，导弹的直径为 610 毫米，长 3.96 米，重 1.5 吨。在导弹的战斗部里装有 950 枚既反装甲又反步兵的双用途子导弹，可以摧毁 150 千米射程内的各种重要目标。

海湾战争结束后，鉴于多管火箭炮在战争中的强大威力，美国对导弹进行了改进，采用了一种具有智能的新型战斗部。在这种战斗部里装有音响探测、红外成像等多种先进的传感装置，发射到敌人阵地上空以后，可以自动进行目标搜索，探测到目标以后还可以识别目标的种类，比如识别是履带式主战坦克还是轻型轮式车辆，然后选择最佳的攻击方式将其一举击毁。

24　快如流星

——电磁炮

自 19 世纪英国物理学家法拉第发现电磁感应定律以来，人们就希望能用电磁力来发射弹丸，发明一种不用火药从而也不会发生膛炸的高速炮。

1982 年，经过五年多的时间，美国已成功地进行了多次电磁炮试验，使弹丸初速达到每秒 3～5 千米以上，比一般先进的火炮射出炮弹仅为每秒 1 千多米的速度快 2～4 倍。此后，美国还完成用电磁炮打坦克和拦截导弹的性能试验和鉴定。

电磁炮的结构比较简单，它有两条十几米长的铜导轨，这和火箭炮的轨道式发射架相似。发射的弹丸只有几克重，像5分硬币那样大。弹丸就装在两条导轨之间。如果将两条导轨接上电源后，一按电钮，炮弹就会高速射出，在空中刮出一道白光，将几十米外的厚钢板一穿而过。

为什么只有5分硬币大小的弹丸，竟能将厚钢板击穿呢？这是因为弹丸虽小，但速度却很快，达每秒6千米左右，比普通枪弹的速度还快四五倍，碰击钢板时的

电子计算机控制中心

电磁炮

动能自然就大多了。这与飞机在空中飞行时碰上小鸟，由于飞机飞行的速度太快，能被撞个大洞的道理是一样的。

那么，弹丸是如何产生这样快的速度呢？打个比喻，就容易理解这个问题了。电动机通上电后之所以能飞快旋转，是因为它的转子和定子分别产生了不同的磁性，根据磁的同性相斥、异性相吸的原理，就产生了电磁力，推动转子快速转动起来。同样道理，弹丸相当于电动机的转子，两条导轨好比是定子，接通电流后，就会产生强大的电磁力，将弹丸迅速地从导轨上推出去。

电磁炮的研究在很长一段时间里进展缓慢，主要是因为没有找到合适的储能设备，结果不得不采用体积庞大得像几间房子那样的装置来产生大电流，这样的装置当然影响电磁炮的使用。

后来，美国研制成了大型单级发电机和固态电刷机构，才使这个关键问题得到了初步解决。现在，电磁炮的储能设备已经缩小到只有几千克重，体积仅相当于半张乒乓球台那样大，为电磁炮走出实验室打下了良好的基础。

电磁炮装置，不仅可用来打击坦克和袭击飞机，而且可用作反卫星的太空武器，甚至还可以作为发射宇宙飞船的重要手段。

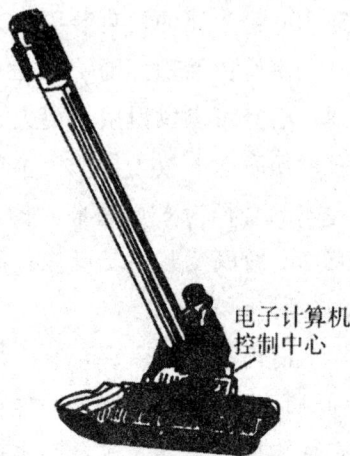

25　坦克劲敌

——反坦克炮

自从 1916 年人们发明出坦克以后，紧接着就开始出现各种反坦克武器。起初，是用反坦克枪，也有用喷火器烧毁或者用集束手榴弹炸毁坦克的发动机和履带，还有的用野炮来对付坦克……然而，这些武器对坦克来说，起不到多大的破坏作用，因为它有厚厚的装甲保护着。有的武器，只能擦伤坦克的表皮，最多也仅在坦克装甲上穿一个小孔。因此，坦克越来越受到人们的重视，成为陆战中的主要武器之一。

为了对付坦克的威胁，武器专家们就研究打击坦克的武器。开始时，坦克的装甲只有 6～12 毫米厚，而且是由普通匀质钢制成的，所以那时人们就用小口径的实心穿甲炮弹，甚至反坦克枪弹来袭击坦克，并能将装甲穿透。这种击穿坦克装甲的火炮，就是于 20 世纪 30 年代初在欧洲出世的最早的专门打坦克的重型武器——反坦克炮。实际上，它是一种口径为 20 毫米的机关炮。

有矛就必然有盾。反坦克炮出现后，进行了多次改进，例如在弹头中加入硬质钢，这对坦克装甲造成了很大的威胁，于是坦克的装甲开始加厚，以抵挡反坦克炮的袭击。到 20 世纪 30 年代末期，一般的轻、中型坦克的前装甲已增厚为 20～30 毫米；部分英、法制的坦克装甲，厚度已达 60～75 毫米，目的是对付威力日渐升级的反坦克炮。

矛与盾的斗争逐渐升级。这时，在欧洲已出现了口径为 37 毫米和50 毫米的反坦克炮，与不断增厚和改进的坦克装甲进行对抗。

在反坦克炮的发展过程中，还有一段有趣的小插曲。

那是第二次世界大战爆发不久的 1941 年冬天，德国侵略军的一支步兵正向苏联的立陶宛地区推进。当他们趾高气扬地来到一座大桥上时，隐蔽在附近的一辆苏军重型坦克突然向德军开火了。虽然德军用火炮向坦克射击，但这辆坦克却岿然不动，将上万的德军堵截在桥头，真有点"一夫当关，万夫莫开"的气概。

这时，德军急忙调来 6 门 38 式 50 毫米反坦克炮，对苏军坦克进行围攻。尽管反坦克炮弹像雨点般射向坦克，但那辆苏军坦克却安然无恙。相反，坦克上的大炮却大显威风。它转着圈射击，将几门德国反坦克炮打成了"哑巴"。这样，双方一直相持到夜幕降临以后。

第二天清晨，德军在无计可施的情况下，又调来一门口径为 88 毫米的高射炮。这种炮的威力很大，但比较笨重，还没等德军将炮接近坦克，就被坦克发现，来了个先下手为强，一发炮弹就将高射炮轰翻到路旁的壕沟里了。

到了中午，疲惫不堪的德军又调来一门 88 毫米高射炮，随即向坦克发射了几发穿甲弹，这才将那辆孤傲不屈的苏军坦克击毁。

事后查明，这辆苏军坦克是被 88 毫米高射炮发射的两发炮弹击穿的，其余上百发炮弹只擦伤坦克的"表皮"，或者留下青蓝色印痕。这说明当时反坦克炮的威力还是较小的，不能与坦克相对抗。

反坦克炮在第二次世界大战中发展较快，如德国在 1941 年就有 5 种反坦克炮相继服役，其中 1940 年式 75 毫米反坦克炮，配用了钢芯和钨芯两种穿甲弹。还有一种 1941 年式 28 毫米锥膛式反坦克炮，虽然口径较小，但初速高达每秒 1402 米，是第二次世界大战期间初速度最高的一种火炮，加上使用钨芯穿甲弹，所以穿甲能力很强。

在第二次世界大战期间，威力最大的反坦克炮是德国根据 88 毫米高射炮改制而成的 1943 年式 88 毫米反坦克炮，它是当时唯一能穿透苏制重型坦克装甲的反坦克炮。在这一期间，苏联也制成了 1944 年式 100 毫米反坦克炮，能在 450 米的距离上穿透 200 毫米厚的装甲。

现代反坦克炮多为外形上与坦克相似的自行反坦克炮。它的起落部

分有装甲防护，通常还装有炮膛抽气装置和效能高的炮口制退器，并配有激光测距仪、电子计算机、红外热成像仪等，大大提高了首发命中率和夜战能力。

现代自行反坦克炮的口径大都为 90～105 毫米，初速为每秒 800～900 米，有效射程在 1500 米以内。它的典型代表有美国"蝎"式 90 毫米自行反坦克炮、奥地利"K"式 105 毫米反坦克炮等。

随着科学技术的进步，反坦克炮还将得到进一步发展。到 21 世纪初，将有一些新型结构的反坦克炮问世。例如，美国正在研制的 75 毫米遥控式反坦克炮，其身管顶部装有电视摄像机，炮架上装着激光测距仪，炮手通过电视荧光屏显示的图像和操纵杆来控制火炮的高低方向和进行瞄准，这有利于提高炮手的作战效能和战场生存能力。

26　巴黎大炮

——巨型火炮

1918 年，第一次世界大战即将结束。几年的战争，使人们对一般的空袭和枪炮声都习以为常了。一天清晨，一阵刺耳的啸叫声突然划破了法国巴黎的上空，接着便是"轰隆"的巨大爆炸声在法国塞纳河岸响起。顿时，人们都被这突如其来的怪叫声和响声惊得不知所措，纷纷躲藏起来。

刚过了一刻钟，爆炸声又在巴黎的一条大街上响起；又过了约一刻钟，在距巴黎火车站不远的林荫大道上，又传来了爆炸声……这一连串的爆炸使巴黎的几条大街很快笼罩在烟雾和火焰之中。

这之后，每隔15分钟爆炸一次，一直持续到午后。面对这飞来的

横祸，加上这有节奏的奇特的爆炸声，人们疑惑不解，惊慌不安。如果说是飞机空袭投弹，但是根本没有听到飞机的响声，连飞机的影子也没见到，这到底是怎么回事呢？

原来，这是德国用特制的大炮从距巴黎 120 千米的地方打来的炮弹。由于这门大炮既庞大又笨重——仅炮弹就重 120 千克——装填和发射一发炮弹约需 15 分钟，因而这门大炮就像鸣放礼炮一样，有节奏地进行炮轰。

这门大炮真是名副其实的大炮。它的口径约为 210 毫米，炮身特别长，达 34 米，相当于口径的 162 倍，而一般大炮炮身是口径的 60 多倍。正因为炮身这样长，所以射出的弹丸初速很高，约为每秒 1700 米，比当时炮弹的最高初速高出 1 倍多。在射角为 53°时，它能将炮弹发射到 4 万米的高空，就是说可以把炮弹打到大气的同温层。

炮弹经过 20 多秒钟飞到大气同温层后，飞行速度仍高达每秒 1000 米。同温层内空气稀薄，作用在弹丸上的空气阻力就小，加之这种炮弹的外形尖头细长，设计合理，因而可使它飞行得更远。炮弹在同温层中飞行约 100 千米后，重新进入大气对流层，并向目标飞去，这就是这门大炮能远距离射击的原因。

这门大炮当时以轰击巴黎出名，所以被人们称为"巴黎大炮"。巴黎大炮的炮身很长，为了防止它因本身重量而产生弯曲变形，在炮身后半部的上面附加了加强支架，并通过钢杆和支架将身管和炮身尾部连接起来，形成了钢索的结构。结果，整个大炮十分笨重，其总重量达 750 吨，给运输和操作造成很大困难，因此它后来就被淘汰了。

巴黎大炮

巴黎大炮虽然射程很远，但它的机动性能很差，而且炮管使用寿命很短，发射几十发炮弹后就得用吊车卸下来，更换炮管，既费时又费人力，射得也不准。人们从这门大炮的使用中体会到，仅通过增加炮管长度来达到超远距离的射击是不可取的。

27　双头大炮

——无坐力炮的发明

早期大炮发射时，会产生巨大的后坐力，往往使火炮后退很远的距离。再开炮时，炮手仍需要将笨重的炮推回原地，才能继续射击。这样，既影响射击的准确性和发射速度，又给操作带来不便。

为了克服早期火炮发射时后坐力大的弊端，意大利著名画家达·芬奇提出了一个大胆的设想。他建议将两门相同的火炮炮尾相接，炮口朝相反方向成一直线。这样，在射击时两门炮所产生的后坐力就可以相互抵消。这就是有名的、流传很久的达·芬奇的"双头炮"。

双头炮的设想，由于当时的条件所限，还难于实现。直到1914年，美国人戴维斯才将这一设想向现实的道路上推进了一大步。

戴维斯认为双头炮的设计思想是对的，只是在结构上需要作较大的改进。他把达·芬奇的尾接尾的两门炮改为两枚弹丸尾接尾，其中一枚是连接上的假弹丸，是平衡弹。发射后，平衡弹变成许多碎片散落在炮管后不远的地方，抵消了后坐力，炮手只要躲开这个危险区就不会造成伤害。经过这种改进，世界上第一门无坐力炮就正式诞生了，人们称它为戴维斯炮。

戴维斯炮虽然能将后坐力消除掉，但由于发射前炮手要用手将真假

达·芬奇和他的"双头炮"

两枚弹丸装进细长炮管的中部，很费事，给操作带来很大的不便。于是，人们又对它进行了不断的改进。有的用一根送弹棍代替人手装填；有的将长炮管从中间分成两截，在装填好弹药后再接合起来；还有的用一包铁砂或一叠纸片来代替戴维斯炮的一打即碎的平衡弹，但都不太理想。

到了1917年，俄国人梁布兴斯基采取了更为简便的措施，直接利用向后喷出的火药气体来进行平衡，抵消后坐力。他在炮身尾部设计了一个炮闩，闩体上有孔，孔后面有喷管。发射时，向前射出的炮弹和火药燃气的动量与由闩孔和喷管向后喷出的火药燃气的动量大小相等，抵消了后坐力。采用这种办法后，戴维斯炮的后半截炮管也就没有用了，等于将戴维斯炮的炮管缩短了一半。

后来，科学家们又在去掉后半截炮管的部位安上喷管，使流过喷管的气体速度增大，从而减少了喷出的火药气体量，因而更安全了些。

1936年，梁布兴斯基首先研制成了76.2毫米无坐力炮，并在俄国对芬兰的战争中首次使用。

在第二次世界大战中，各国相继研制成功各种类型的无坐力炮，如德国制造的75毫米、105毫米无坐力炮，曾在北非战场上使用；而美

国研制的 57 毫米、75 毫米和 105 毫米无坐力炮，在 1945 年的硫黄岛战役中投入使用。

20 世纪 60 年代末至 70 年代，人们开始研制无坐力炮和火箭弹相结合的新型无坐力炮，也即研制能发射带火箭发动机炮弹的无坐力炮。这种新型无坐力炮比原来的无坐力炮不仅提高了射程、减轻了重量，而且还减小了后喷火焰和增大了火炮作战使用的灵活性。它的典型代表有意大利的"弗格里"80 毫米无坐力炮和瑞典的"卡尔·古斯塔"84 毫米无坐力炮等。就以意大利"弗格里"80 毫米无坐力炮来说，由于采用火箭增程破甲弹，其最大射程增大到 4500 米，破甲厚度可达 400 毫米。

20 世纪 70 年代以来，由于反坦克导弹和火箭技术的迅速发展，无坐力炮的生存受到威胁。面对这种激烈的竞争情况，各国对无坐力炮进行了以下几方面的改进：一是采用新技术装备，如火控计算机、激光测距仪、激光夜视装置等，以提高火炮的射击精度和夜战能力；二是配用增程火箭弹增大射程；三是与反坦克火箭筒相结合，组成新型的步兵近程反坦克武器。

28　"喀秋莎"炮

——火箭炮

1941 年 7 月，第二次世界大战打得十分激烈，苏联军队在斯摩棱斯克的奥尔沙地区，同纳粹德国的军队展开了一场激战。

苏联军队首次使用了一种火箭炮，摧毁了敌人的军用列车和铁路枢纽站。这种火箭炮一次可同时发射 16 枚炮弹，发射速度快，火力猛，

突袭性好，射弹散布大，像火山喷出炽热的岩浆，铺天盖地般地倾泻在阵地上，浓烟滚滚，留下一块块黑色的焦土……短暂的炮轰，就消灭了大量的敌人，把德国士兵吓得惊呼："鬼炮！鬼炮！"火箭炮经过这次战斗，便名声大振，备受器重。由于这种大威力的火箭炮是第一次出现在战场上，所以连许多苏联士兵也不知道这究竟是什么武器，但他们看见炮车上印有俄文字母"K"（读"喀"音）的标记，就用"喀秋莎"这个俄罗斯姑娘的名字亲切地称呼它。从此，"喀秋莎"火箭炮的美名广为流传，直到现在人们还这样称呼它。

"喀秋莎"火箭炮是苏联在1939年制成的，罗涅日洲的共产国际兵工厂组织生产。由于"共产国际"一词的俄文第一个字母是"K"，所以将"K"字打在炮车上，作为该厂的代号。

"喀秋莎"火箭炮是多管火箭炮，一次可成排发射口径为132毫米的尾翼式火箭弹16发，最远射程可达8.5千米。每装填一次火箭弹需5～10分钟，而一次发射仅需7～10秒钟。所以，多门"喀秋莎"火箭炮的一次齐射，可以在短时间内以密集的火力对集结的敌有生力量和坦克等目标进行大面积摧毁和压制，由于它是装在汽车上的自行火炮，往往不等敌人反应过来，就能很快地转移阵地。

20世纪60年代，苏联研制成威力更大的БМ-21式40管122毫米火箭炮。它的发射管多，射程远，标志着火箭炮已经发展到一个新水平。

20世纪70年代以来，世界各国普遍对火箭炮重视起来，并研制出了一批性能先进的火箭炮，如意大利的"菲洛斯"122毫米多管火箭炮、以色列的LAR160式290毫米多管火箭炮等。

美国经过十多年努力，于20世纪80年代研制成M27式12管火箭炮，最大射程可达45千米。它装备有先进的火控系统，不仅能击穿坦克的薄装甲和顶装甲，而且杀伤面积很大。一门这样的火箭炮，一次齐射12枚子母火箭弹，就可抛出7728颗子弹，其覆盖面积达6个足球场那样大，其火力效果相当于28门203毫米榴弹炮各发射一发炮弹的火

力总和。由于这种炮的散布面积大，特别适合于沙漠地形条件下进行大面积杀伤，因而在1991年的海湾战争中，给伊拉克装甲部队和炮兵以重创，立了大功。

火箭炮现在仍是许多国家军队的重要常规武器。射程最远可达40千米，装弹数目最多可达40发，除配用发射火箭弹外，还可发射燃烧弹、烟幕弹、反坦克子母弹、燃料空气弹等。

目前，世界各国装备的火箭炮有20多种，口径大多为51～381毫米，管数3～40管，以40管居多。其中，俄罗斯装备使用的火箭炮数量最多，达8000多门；而美国主要装备使用的是M270毫米多管火箭炮，有300多门。

29 地炮上天

——航空机关炮

20世纪初期，飞机刚问世不久，机上还没有武器装备，更没有专用的航炮。敌对双方的飞机相遇时，只能用手枪或步枪进行对射，后来又将机枪、火炮搬上了飞机。在使用中人们发现，这些搬上飞机的枪炮过于笨重，后坐力相当大，而射击效果又不大理想，不适应日益激烈的空战需要。于是，人们就研制出专门用于飞机射击的航空机关炮，简称航炮。在第二次世界大战中，航炮已成为飞机作战时的主要武器。这时，飞机速度也大幅度提高，机动性能得到加强，加上装有航炮，使飞机成为对付地面坦克和装甲车辆的有力武器。

到20世纪60年代，航炮大都改为全自动射击的小口径自动火炮。它的射速高，单管射速一般达每分钟1000～1500发，而且反应快，威

力大，射击精度高，还具有一定的穿甲能力。比如，瑞士的"厄利空"30毫米航炮，可穿透40～60毫米厚的装甲，足以摧毁地面和海上轻型装甲目标。

后来，航炮又发展成转膛航炮和多管旋转航炮，射速大大提高。

转膛航炮与早期的左轮枪有些相似，它又分为单管转膛航炮和多管转膛航炮。单管转膛航炮的转轮部分有4～5个弹膛，转轮借助于火药气体自动旋转，从而成倍地提高了射速。瑞士KCA30毫米单管转膛航炮，射速可达每分钟1350发。单管转膛航炮由一个炮管和一个弹膛组成，利用导出的火药燃气使转轮旋转，依次对正炮管击发，射速为每分钟1200～1800发，速度已经相当快了。

多管旋转航炮是在19世纪出现的手摇多管加特林机枪的基础上改进而成的，它利用增加炮管的数目来提高射速。一般采用的炮管数目为6～7管。这些炮管绕炮膛轴心排在一个圆周上，用装在炮上的电动机或液压马达来带动炮管高速旋转，完成自动射击循环动作。美国M61式20毫米6管旋转航炮，射速高达每分钟6000发。

虽说后来由于发明了空对空导弹，航炮在一些飞机上被取消了，但在20世纪60年代发生的越南战争和中东战争证明，航炮仍是不可缺少的航空近战武器。航炮正在向着提高射速和初速的方向发展。

值得提出的是，美国于20世纪70年代研制成一种新型航空炮——GAU-8/A式30毫米7管航炮，主要用来对付地面坦克和其他硬目标以及提供近距离空中火力支援。这种航炮的特点是，射速快（每分钟可发射2100～4200发），弹丸威力大和携带量多。它的有效射程为1520米，配有燃烧榴弹和穿甲燃烧弹，安装在美国A-10近距离支援攻击机上。

20世纪90年代，20～30毫米航炮已广泛装备于各种现代作战机上，其中使用最普遍的是加特林转管航炮和转膛航炮。

30　庞然大物

——"多拉"超重型铁道炮

1936 年前后，德国军队为了摧毁法国马其诺防线一类的战略目标，急需一种大威力的炮兵武器。针对这项任务，军方要求这种大炮能够击穿 1 米厚的钢板和 2.5 米厚的混凝土工事。

经过 6 年多的研究试验，德国在 1942 年制成了一门大威力火炮。这门炮可真是个庞然大物，全长 53 米，高 12 米，炮管直径达 800 毫米，炮管长 32 米，战斗状态时全重达 1488 吨，它的破甲弹长约 4 米，重达 7 吨；而爆破弹更长，达 5.7 米，重 4 吨。整个大炮开创了火炮史上的新纪录。

这种炮制成后，以总设计师夫人的名字命名为"多拉"炮。

"多拉"炮如此巨大、笨重，在试验、装配、运输过程中遇到了许多意想不到的麻烦。在试验炮管弹道性能时，由于装填机构还未制成，只好借用一台重型起重机将几米长的炮弹吊运到炮管尾部，并用一辆坦克将炮弹猛力撞进炮膛内。为了将这个巨型炮运到发射阵地，专门设计了 3 节特殊构造的超大型运载车，在运送过程中，沿途所有的桥梁都无法承受如此巨大的重量，火车只好绕到没有桥梁的线路上行驶。在大炮运输途中，有 1000 多个民工临时对路基整修，铺设了大量的硬石块、枕木和钢轨。由于

"多拉"超重型铁道炮

它只有在铁道上才能行走，所以又叫铁道炮。火炮运到阵地后，先用两台起重机吊装好底座，然后依次吊装下架、上架、炮管、装填机构。组装时，由 1400 人连续工作了整整 3 周，可见"多拉"炮之巨大。

为了防备飞机轰炸，"多拉"炮兵营还配备有飞机、高射炮和防化兵等对它进行保卫和掩护，一旦敌机来临，防化兵就会立即施放烟幕，进行伪装。

"多拉"炮原是德国专门用于进攻法国而研制的，但巨炮制成时，法国已经投降了，它便失去了用武之地。但这时德国和苏联的战争还在激烈地进行着，于是德国就将"多拉"炮和其他各种武器一起投入进攻苏联塞瓦斯托波尔的战斗。在一次战斗中，这门炮发射的一发炮弹竟击中了一座地下 30 米深处的弹药库，引起了剧烈的爆炸，说明这种炮的威力是相当大的。

1945 年，法西斯德国战败，"多拉"巨炮随之成了同盟国的战利品。

31　指哪打哪

——激光炮

1985 年夏天，赤日炎炎，热浪逼人。在美国的一个导弹发射试验场上，正在进行一次新式武器的试验。

发射场周围戒备森严。发射场中央有一门新奇的大炮。这门炮的炮筒粗而短，炮口像一个鲨鱼嘴，在炮筒后面的转椅上有一名士兵正在紧张地进行试验准备工作。

试验开始了，只见远处地面上腾起一股火焰，一枚巨大的火箭载着

一枚导弹急速升入蓝天。这是一枚"大力神"导弹。转眼间，导弹的第二级火箭喷吐出鲜红的火舌。这时，指挥员命令那门新奇的大炮向飞行中的导弹开火。坐在炮后转椅上的炮手熟练地瞄准，随即按下了发射开关。刹那间从炮筒里射出一束明亮的强光，像一支利箭一下射中了正在空中疾飞的"大力神"导弹。顿时，导弹冒出一团烈火，轰隆一声在空中爆炸开花，破碎的弹片飘落在地上。

这种用强光而不是用炮弹击落远处高空导弹的武器，是美国新研制成的激光炮。实际上，在1978年美国就成功地用激光炮击落了一枚"陶"式反坦克导弹。

激光炮能发射大功率的激光，而激光能产生很强的烧蚀能、辐射波和强激波，足以摧毁任何目标。

由于激光的传播速度极快，所以在射击飞机、导弹、坦克等活动目标时，不需要提前制导，可以指哪儿打哪儿，光到机（指飞机、导弹等目标）毁，目标无法逃脱。激光炮没有一般火炮发射时的后坐力，也不会发生令射手生畏的膛炸和早炸，并能迅速变换方向去捕捉目标。

激光炮

目前，激光炮已向实用方面迈出了一大步。美国还曾用激光炮击毁了一枚在650千米高空飞行的探空火箭，人们预计激光炮投入战场应用的日期不会太远了。

32 炮射"核"弹

——贫铀穿甲弹

　　海湾战争结束后不久，伊拉克于 1991 年 11 月致信联合国秘书长，就美国为首的多国部队在海湾战争中使用"核"弹——贫铀穿甲弹一事，谴责美国违反了国际法和联合国宪章，要求联合国派遣一个专家组调查此事。

　　这是怎么回事呢？

　　原来，美国早在 20 世纪 60 年代初就发现贫铀是制造穿甲弹的理想材料。于是，美国就用贫铀合金制成了穿甲弹（实际上是穿甲弹芯），并于 20 世纪 70 年代中期先后为 M60 坦克和 M1 型坦克的 105 毫米坦克炮以及 M1A1 坦克的 120 毫米坦克炮配备了多种型号的贫铀穿甲弹。在 1991 年的海湾战争中，美国的 M1A1 坦克的 120 毫米坦克炮向伊拉克的坦克发射了大量的贫铀穿甲弹。这种穿甲弹在穿透了苏制 T-72 坦克 200 毫米厚的复合装甲后，还能炸坏坦克的内机件，诱爆坦克内的弹药，证明贫铀穿甲弹有很好的穿透力和燃烧效果。这是美国研制的贫铀穿甲弹首次参加实战。

　　然而，使美国预料不到的是，使用贫铀穿甲弹后既受到伊拉克的抗议和谴责，认为美军在战争中使用了有放射性的"核"弹，同时也使美军自己的士兵受到放射性物质的伤害。

　　据英国报纸报道，在海湾战争中，美军、英军的坦克和飞机向伊军发射了贫铀炮弹，其残片至今仍在散发着化学毒气和射线，对当地居民的生命和健康构成了长期的威胁。英国核物理专家说，在今后 20～30

年中伊拉克将有数十万人受到贫铀弹的影响，有些人甚至会因此而丧生。

美国军方于1993年1月对参加海湾战争的一些使用贫铀穿甲弹的士兵进行了初步检查，结果表明这些士兵由于没有采取有效的安全防护措施，有的已受到放射沾染，但辐射量未超过规定的限度。虽然这些士兵还没有出现有关症状，但专家们说这并不能排除将来健康出问题的可能性。因此，贫铀弹的使用受到伊拉克的抗议，认为美国违反了联合国宪章和国际法。那么，贫铀穿甲弹是不是人们所说的核弹呢？

贫铀（铀-238）是生产核反应堆燃料铀（铀-235）时的副产品，过去在相当长的一段时间内被作为核废料处理掉。由于它具有放射性，因而对它至今没有找到一种简单而方便的处理方法。但是，贫铀具有高密度（达18.9克/立方厘米）、高强度和高韧性等许多优点，所以美国将它制成穿甲弹。在前面那篇《铀制外衣》中，我们还介绍了美国用它制成贫铀装甲装备坦克。

贫铀穿甲弹虽然不会像核弹那样产生剧烈的爆炸，但它有微弱的放射性，对人体健康的影响是长期的。特别是作为武器弹药在战场上使用后，大小弹片分布范围广，而放射性是听不到、摸不着、看不见的，人们长期接触，身体将会受到一定损害。另外，贫铀进入人体后不易被肌体全部排除，并有一定的毒性，会损害内脏。更为严重的是，贫铀燃烧时会形成淡黄色烟幕状的氧化铀尘埃。这些尘埃状的氧化铀扩散开来，将对周围环境造成放射性污染。实际上，它的危害不亚于原子弹爆炸后的放射性污染，只不过每发穿甲弹的沾染区域较小而已。

因此，对于使用贫铀穿甲弹，国际上一直存在着争议，主要是因为贫铀的潜在毒性和存在着废弃处理的问题。即使最先研制贫铀穿甲弹的美国，其国内各军种间也存在意见分歧。美国海军已放弃使用贫铀穿甲弹；陆军已开始研制钨芯穿甲弹，用来代替贫铀弹；只有空军的30毫米航炮仍坚持使用贫铀弹。看来，这种只此一家使用的局面也不会维持多久了。

目前，英国、法国、德国、瑞士、俄罗斯等一些国家也在研究贫铀穿甲弹，有的已装备部队使用，而其余大多数国家出于政治或未来作战地域等多方面考虑，则对发展钨芯穿甲弹更感兴趣。

33　延长手臂

——枪榴弹

早在 20 世纪初，有人就设想过用步枪将手榴弹投掷到人力投掷不到的距离。然而，由于当时技术条件的限制，人们这种设想还只能是个梦想。

到了 20 世纪 30 年代末，人们终于通过步枪"延长手臂"来发射一种像手榴弹一样的弹药，从而实现了投掷远的梦想。这种弹药就是枪榴弹。

枪榴弹和手榴弹仅是一字之差，但前者是枪射弹药，后者是手掷弹药，而且两者的外形和结构也是不同的。

枪榴弹是用枪和枪弹或空包弹发射的一种超口径弹药。

这里所说的空包弹，是一种没有真实弹头的枪弹，可用它进行训练和发射枪榴弹。超口径是指枪所发射的榴弹直径远大于枪的口径，例如7.62 毫米或 5.56 毫米步枪可以发射 35～70 毫米直径的枪榴弹。

从 20 世纪 50 年代中期开始，枪榴弹进入了兴旺的发展时期。特别是具有空心装药的破甲枪弹的出现，使坦克在装备有枪榴弹的步兵面前不敢为所欲为，甚至还可能被击伤击毁。

但是不久，坦克的装甲不仅越来越厚，而且还出现了复合装甲、间隔装甲和爆炸式装甲等新式"外衣"。这样一来，为了对付这些厚实的

新装甲，枪榴弹就得增加"体重"（主要是增加炸药量），结果步枪的后坐力增大，射程越来越近，对坦克的威胁大大减弱。

面对这种对坦克无可奈何的情况，人们重新确定枪榴弹的目标是对敌有生力量进行大面积杀伤和反敌轻型装甲车辆等。此后，枪榴弹便开始向小型化、轻量化、弹药系列化和采用实弹发射的方向发展。

枪榴弹的外形和结构与尾翼稳定式炮弹如迫击炮弹相似，不同的是多了一个用于发射的尾管。通常，枪榴弹主要由战斗部、引信、尾管和尾翼等部分组成。

战斗部是用来毁伤目标的主要部件。由于枪榴弹有不同的用途，如破甲、杀伤、破甲兼杀伤、施放烟幕、用于照明和提供信号等，因而战斗部的结构也就不同。破甲枪榴弹的战斗部采用空心装药结构，也称为锥形聚能结构。炸药装在一圆锥形药型罩后面，在命中装甲目标时，炸药起爆，通过药型罩形成一股高速、高温和高压的金属射流，将装甲击穿。例如，比利时的M260式40毫米反坦克枪榴弹的有效射程为150～200米，破甲深度达100毫米，可以穿透300毫米厚的混凝土。

杀伤枪榴弹的战斗部采用预制或全预制破片，引爆时可产生300片以上的有效破片。

烟幕枪榴弹的战斗部装填发烟药，发烟药燃烧

破甲枪榴弹结构示意图

时形成烟幕屏障。瑞典FFV915式50毫米发烟枪榴弹形成的烟幕屏障高4米、长20米。

引信是用来引爆炸药的，它根据环境信息或目标不同在预定条件下使枪榴弹发生爆炸。

尾管用来连接弹体和尾翼，是枪榴弹的发射装置。

尾翼是用来保持枪榴弹飞行稳定的部件。

用步枪发射枪榴弹时，必须在枪口安装一个发射具。这种发射具的

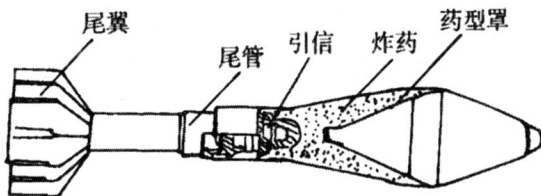

作用是传递火药燃烧的能量，并赋予枪榴弹初始飞行方向。但是，现代步枪如法国 MAS 式 5.56 毫米突击步枪，已将发射具与枪管连成一体，使结构简化，而且使用方便可靠。

发射枪榴弹时，将枪榴弹尾管套在枪口，先击发空包弹，空包弹中的发射药燃烧时产生的高压气体到达枪口后，将枪榴弹射出。

20 世纪 90 年代以来，枪榴弹获得迅速发展，不仅在结构和性能上得到改进，而且出现了一些新型枪榴弹。

过去用空包弹发射枪榴弹，现在为了作战使用方便，已在枪榴弹的尾管中装一个弹头吸收器，可以直接用普通实弹发射枪榴弹。

在枪榴弹上装上火箭发动机，可使它的射程增加一倍左右。如比利时"麦喀"60 毫米杀伤枪榴弹弹重 530 克，最大射程 260 米；采用火箭增程后，弹重增至 636 克，最大射程达 700 米。

新出现的枪榴弹有积木式枪榴弹、伸缩式枪榴弹等。积木式枪榴弹是由进攻型榴弹、防御型榴弹等组成，可根据需要选用进攻或防御榴弹，而且既可用枪发射，又可用手投掷。伸缩式枪榴弹的特点是在平时储存、运输或携带时，尾管部分压缩在弹体壳内，这时全弹长仅 190 毫米；发射时，将尾管抽出，此时全弹长 290 毫米。

34　炮射电视

——新型侦察炮弹

20 世纪 70 年代，随着科学技术的发展，美国研制成功了炮射电视，把它用于军事侦察。

炮射电视是将电视摄像机装在炮弹里面，然后由大炮发射到敌人阵

地上空，炮弹炸开后，电视摄像机乘着减速降落伞，边降落边将敌人阵地情况拍摄下来，再立即将图像信号发射出去，前线指挥部接收到图像后，就在电视荧光屏上显示出来，敌人阵地情况可一目了然。

炮射电视侦察

这种用来侦察的炮弹是由原来的照明弹改装而成的，它保留了照明弹的弹壳、降落伞、消旋装置和开伞机构，而照明部分被电视箱所代替，电视摄像机装在电视箱里。炮射电视要经过两次弹射，才能脱离弹壳。当炮射电视从炮膛射出后，先飞行一段距离，这时第一次弹射炸药起爆，使炮射电视带着减速伞与炮弹外壳分离。减速伞起着降落伞的作用，可以使飞行速度降低。8秒钟后，第二次弹射炸药起爆，减速伞被抛掉，这时炮射电视才完全由弹壳中弹射出来，挂在主降落伞上，悬飘在六七百米高的空中，以每秒5米的速度下降。

炮射电视在下降过程中便开始了紧张的摄像工作。摄像机对准地面，可以扫描敌人阵地上长300米、宽200米的地面区域。炮射电视拍摄的图像十分清晰，即使是1.5米长的物体都能分辨清楚。拍摄的图像由无线电发射机向接收站传输，在地面机动接收站里，电视图像显示在荧光屏上，或者记录在磁带录像机上，供以后重播使用。用155毫米口径的榴弹炮发射炮射电视，能观察离前线20千米附近敌阵地的地形地貌，以及敌人的坦克、大炮等武器装备，能准确地测定它们的位置，还能观察到敌人的伤亡和武器的破坏情况，以此来校正火炮的再次射击。

如果用更大射程的火炮发射，还能侦察到敌人后方更远地方的情况。可以说，炮射电视比派人直接去侦察优越多了。

现在英国制成了体积更小的炮射电视摄像机，只有火柴盒那样大

小，仅重50克，摄像机的镜头和衣服上的普通纽扣差不多同样大小。摄像机内的器件更是精密，在指甲盖大小的面积上，就排列了40万个电路元件。摄像机的外壳用耐高温、高压的材料制成，在火炮发射的瞬间，能经受5万千克的冲击力和火药燃烧时产生的高温气体的熏烤，并能承受炮弹每秒钟200圈的高速旋转。

35　超级武器

——第一颗原子弹试验

1945年7月16日，美国研制成的世界上第一颗原子弹进行试验，试验地点在新墨西哥州沙漠中的阿拉默果尔多。试验地的中心竖起了一座高大的钢架，原子弹就装在这座钢架上。

试验人员驻在距钢架16千米之外的宿营地。他们都穿上特制的服装，戴上黑色保护镜，以防辐射烧伤；脸上涂了油膏，免得炽热的光线伤害皮肤。

7月16日5时30分，第一颗原子弹起爆了。整个观测站周围的广大地区，都被刺眼的闪光照亮。每个人都伏卧在地面上，没有人敢去看爆炸后的第一道闪光。他们所看到的仅仅是从天空和小丘反射出来的眩目的白色光亮。

强烈的闪光相当几倍于正午后的太阳光，随后形成一个巨大的火球，历时几秒钟。接着，这个火球变成蘑菇形，并上升到3000多米的高度。爆炸后30秒钟，冲击波开始向人们和物体冲击，随之而来的是强烈、持续的怒吼，大地在颤抖。巨大的蘑菇云团继续上升，升到距地面1.2万米、海拔1.4万米高的同温层。

在主爆炸后不久，蘑菇云团里又发生了两次爆炸。这是因为在云团里含有由地面扬起的几千吨尘埃和大量的汽化了的铁，这些铁和空气中的氧混合燃烧而造成了爆炸。在云团里还包含着铀裂变后产生的强放射性物质。

爆炸在地面形成了一个直径为 400 米的巨坑，爆炸时产生的几千万摄氏度的高温使坑内的树木花草与其他物质全部化为乌有，连原来安装原子弹的那个高大的钢架也完全被熔化成气体消失了。

在离爆炸点约 800 米处有一重 220 吨的巨大钢制试验筒，环绕钢筒还有一个高 20 多米的坚固钢塔，用 40 吨钢材制成的钢塔固定在混凝土基础上。爆炸产生的冲击波把钢塔掀翻在地上。

原子弹的研制始于 1939 年。核物理学家发现，用中子轰击铀原子核，会使原子核发生分裂，同时产生链式裂变反应，并释放出能量。于是就有科学家预言这种反应将来可能制造出威力、杀伤力和破坏力都极大的原子武器。而且传说第二次世界大战中法西斯德国一方有可能正在从事原子武器的研究。

这个背景使得美国的科学家感到美国这一方必须领先于德国法西斯制造出原子弹，为此向美国总统罗斯福提出研制原子弹的建议。

罗斯福采纳了这个建议，用"曼哈顿工程"的代号，组织了一批优秀的核物理学家秘密研制原子弹。1945 年，美国共制造了 3 颗原子弹。这次原子弹爆炸试验的是其中的一颗，另有两颗原子弹代号为"小男孩"和"胖子"，都于 1945 年先后投掷在日本的广岛和长崎，给日本人民造成了巨大的灾难。

原子弹是科学技术的最新成果迅速地应用到军事上的一个典型。从 1939 年发现核裂变到 1945 年美国制成第一颗原子弹，只花了 6 年时间。其他国家爆炸第一颗原子弹的时间是：苏联，1949 年 8 月 29 日；英国，1952 年 10 月 3 日；法国，1960 年 2 月 13 日；中国，1964 年 10 月 16 日；印度，1974 年 5 月 18 日。

36 太阳西出

——氢弹试验

1954 年 3 月 1 日凌晨，一艘重 140 吨的日本远洋渔船"第五福龙丸"正在太平洋比基尼岛附近的海面上进行捕捞作业。

突然，一名船员在甲板上大声惊呼："快看，太阳从西边升起来了!"同船的船员都不相信，认为他是在开玩笑。有的还说："要是太阳真的从西边出来，那地球就该倒转了，哈哈!"船员们都笑了起来。然而，的的确确西边的天空被一个巨大的火球染红了。

船上 23 名船员先是惊奇，随即便听到了巨大的爆炸声。不一会儿，从天上飘落下许多白色粉末，船的甲板上也积了薄薄的一层。

这些淳朴的船员们根本就不会想到那从西边出来的火红"太阳"，竟是美国在比基尼岛上进行的氢弹试验。

当"第五福龙丸"上的船员们明白这是怎么回事时，已经晚了，灾

热核炸药
铀块
普通炸弹
起爆装置

氢弹爆炸试验

难已经降临在他们的头上。那些带有放射性的白色粉末，已使船员们恶心、脱发和面部溃烂。他们一到日本即被送入医院治疗。

半年后，船员久保山爱吉治疗无效死去，他成了人类第一个氢弹牺牲者。当医生将他的尸体解剖后发现，他的肝脏已缩小到正常人的百分之二，而且动脉血管内壁也都被染黄。由此可见，氢弹的放射性物质所产生的杀伤力是何等之大了。

氢弹的研制开始于1942年，美国科学家在研制原子弹的过程中发现，如果将原子弹爆炸时产生出的巨大能量用来激发大规模的轻核聚变反应，就能制成威力比原子弹还大的核武器——氢弹。于是，美国政府就组织人员进行研究和试验。

简单地说，氢弹是由三种炸弹组成的：外面是氢弹，装有热核炸药氘或氚及化合物；里面是原子弹，装的是核炸药铀-235等；还有一颗普通炸弹，用来引发原子弹爆炸。氢弹爆炸时，先由起爆装置将普通炸弹引爆，将分开的铀块迅速挤压在一起，从而使原子弹爆炸；然后，利用原子弹爆炸时产生的几千万摄氏度高温，促使氘、氚等氢原子核发生聚变反应，放出巨大的能量，形成更猛烈的氢弹爆炸。

经过10年的努力，美国终于制成了世界上第一颗氢弹，并于1952年11月1日在太平洋上的一个无名珊瑚岛上进行了首次爆炸试验。当氢弹引爆以后，刹那间，石崩海啸，鸟飞天惊，随即升起了高高的蘑菇烟云。这颗氢弹的爆炸威力相当于1000万吨梯恩梯炸药产生的能量，是美国投放在日本广岛的名叫"小男孩"原子弹的500倍，以至把试验地点——太平洋的一个无名珊瑚岛，从水平面起，给炸得无影无踪了。

1954年的这次"太阳西出"，是美国进行的第二次氢弹爆炸试验。中国于1966年成功地进行了氢弹原理试验，1967年成功地爆炸了第一颗氢弹。

原子弹和氢弹都是核武器，它的使用受到全世界人民的强烈反对。中国政府一贯主张全面禁止和彻底销毁核武器。中国政府在第一颗原子弹爆炸成功时就郑重宣布："中国在任何时候、任何情况下，都不会首

先使用核武器。"

37 井中怒吼

——美国核导弹爆炸事故

1980 年 8 月 19 日凌晨 3 时，正是人们沉浸在甜蜜的梦境之际，然而在美国达马斯克斯小镇的上空却突然出现一道强光，刺破静谧漆黑的夜幕，将整个天空照得如同白天一样，使惊奇地看到这种现象的人睁不开眼。刹那间，传来了惊天动地的爆炸声，一股巨大的橘红色蘑菇烟云随之升上空中……

这是美国阿肯色州的一个核导弹发射井意外发生的爆炸事故。事故发生时，井内有一枚"大力神"洲际导弹，装有 1000 万吨梯恩梯当量的热核弹头（即氢弹头）。爆炸产生的巨大冲击力，把这颗核弹头甩出发射井，抛到 100 多米以外的草丛中。万幸的是这颗核弹头没有发生爆炸，也没有泄漏出放射性物质。人们这时才松了口气，但随即将周围 20 千米以内的居民撤离危险区，以防不测。4 个小时之后警报解除，撤离的居民才陆续返回家园。

这个令人惊心动魄的事故是怎么发生的呢？原来，这枚号称当时美国威力最大的核导弹是一种已服役 20 多年准备淘汰的陈旧落后的导弹，它使用液体燃料推进剂发射。第二次世界大战后的美国人把这枚"大力神"导弹藏在井内，谁知这竟造成了发生爆炸事故的隐患。那天，导弹维修人员在发射井内对导弹进行维护保养。这枚导弹长 31 米，直径达 3 米，可说是个膀大腰圆的庞然大物。在发射井第三平台维修时，一位技师不留心，将一把扳手套筒掉了下去。这个扳手套筒重约 1.5 千克，

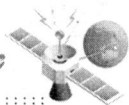

坠落在约21米深的井底突然反弹回来，击中了导弹第一级燃料贮箱，而这贮箱仅有着薄薄的铝合金外壳。

贮箱外壳被砸裂了缝，里面液体燃料的有毒蒸汽便开始逸出，而且浓度不断增加。人们预料到有起火爆炸的危险，便立即将人员撤出，并开始往里面注水，但蒸汽浓度还是不断增加着。6个小时后，两名经过特殊训练的抢险队员进入井内，企图把漏洞堵住。然而，他们发现井内的有毒蒸汽浓度过高，若与空气中的氧相遇，就会引起爆炸。于是，两人赶快向洞口撤离。当他们刚刚爬到洞口时，剧烈的爆炸就突然发生了，两名技师被炸死，20多人受伤。

这个导弹发射井深达约45米，井口设有重达750吨的钢筋混凝土的盖子。但巨大的爆炸气浪将井盖冲击得支离破碎，同时也使坚固的地下发射井变成直径达75米的弹坑废墟，导弹和发射架也被炸得七零八落，飞散在方圆10千米的范围内。

这次事故使美国人吓出一身冷汗，庆幸的是那颗核弹头没有爆炸。如果核弹头真要爆炸了，那可是要比投在日本的两颗原子弹厉害得多，其后果不堪设想，也真使美国军界和五角大楼感到后怕。可见任何兵器都是一把双刃剑，它并不总是只伤害敌人。

38 积木式枪

——枪族

20世纪50年代初期，美国工程师斯通纳偶然看到孩子们在玩积木游戏。孩子们用积木块搭成不同的房子，有的则垒成汽车、飞机、坦克等，简单的积木块在孩子们的小手摆弄下，像玩魔术似的变幻着花样，

简直妙极了。斯通纳一下子被吸引住了，他的目光久久凝视在那些形状不同的小木块上……

斯通纳曾因为设计了世界上第一支小口径步枪——M16式5.56毫米自动步枪而闻名于枪坛。这时，他忽发奇想：积木块虽然就那么几种简单形状，但却能搭积成式样繁多的模型。是不是也可以用一种部件为基础，然后换上不同的枪管、枪托等，像搭积木一样，组合成各种各样的枪呢？于是，斯通纳立即开始了研制和试验。经过几年的艰苦努力，终于在1963年试制成了一种积木式枪，人们将它称做"斯通纳枪族"。

斯通纳枪族是第一种典型的组合式枪。它的口径为5.56毫米，以枪机、机匣、复进簧、发射机构等为基本通用部件，换上不同的枪管、枪托、瞄准具等16种专用或部分共用的部件，就可以组合成自动步枪、冲锋枪、弹匣供弹轻机枪、弹链供弹轻机枪、车用机枪、带三角架的中型机枪等6种枪。同一族内的枪，口径相同，弹药通用，零部件可以互换，可以快速组装，在几分钟内就可将步枪或冲锋枪改装成轻机枪，十分适合作战的需要。

斯通纳枪族问世后，立即受到人们的重视，世界各国相继研制成了很多种枪族，如苏联的AK7.62毫米枪族，捷克斯洛伐克的URZ7.62毫米枪族，英国的4.85毫米班用枪族等。它们大都以步枪为基础，而装配组合成其他的枪。

枪族之所以受到人们的重视，是因为它具有以下优点：一是便于大量生产，成本低。二是操作方便，掌握了其中一种枪，就能使用其他几种枪，也简化了训练。三是在作战中，各种枪支零件可以互换。四是枪的战斗性可以根据需要随时进行改变。五是便于枪支弹药的维修保养。

39 巧使妙用

——马克沁自动枪

19 世纪下半叶，为了适应作战需要，一些国家都在大力改进枪支，希望制造出一种能自动装填子弹的射击武器。在众多的枪械改革者的队伍中，美国人马克沁是一位出类拔萃的竞争者和胜利者。这位马克沁，其实原本是一位电气机械发明家，对枪械的制造并不在行，但受时代风气的影响，也对射击武器发生了浓厚的兴趣。

当时的射击武器，大都是用人力转动的多管式连发枪。其中具有 10 根枪管的加德林排枪，就需要 4 名射手用手摇动机械装置来发射。这种枪既笨重，又费人力，而且连射速度不快，不适于作战。于是，马克沁就想研制一种能快速发射的、轻便的自动枪。

马克沁经过苦苦思索后，认为应该首先研制一种能代替人力操作的自动装置。在对枪支做了反复的射击试验和研究后，他对枪的后坐力有了想法。

有一次他用一种老式步枪射击之后，发现自己抵着枪托的肩被撞得挺疼，而且青一块、紫一块的。他想，这么大的后坐力给人们带来的只是疼痛和不便，能不能变害为利，使它成为用于改进枪的能源呢？经过苦心的钻研和分析，终于为枪自动连续射击找到了理想的能源——火药气体。

步枪射击时，火药气体除将子弹射出枪管外，同时还使枪产生很大的后坐运动，也就是那股撞击枪手肩膀的后坐力。马克沁就是利用这部分火药气体作为动力来代替人工自动完成开锁、退壳、送弹、重新闭锁

等一系列动作，从而实现了枪的自动连续射击，并减轻了枪对射手撞击的后坐力。

马克沁将当时使用的一种来复枪按上述利用火药气体完成自动操作的原理，进行了改装和试验，经过多次失败，终于在1883年成功地制造出世界上第一支真正的自动枪，在欧洲引起了极大的轰动。

马克沁和他的自动枪

后来，根据马克沁的自动枪原理相继制成了自动手枪、自动步枪、冲锋枪和轻机枪。直到今天，这些自动武器基本上还沿用着马克沁自动枪的原理和结构。因此，马克沁被人们誉为"自动武器之父"。

对于人们习以为常、熟视无睹的射击后坐力现象，马克沁却给以特别的注意，并最后巧妙地加以利用，这正是他聪明过人、富有创造力的表现。

40　伪装巧妙

——间谍枪

1978年9月的一天，在英国广播公司工作的马科夫到伦敦市区办事。当他穿过街上熙熙攘攘的人群时，突然感到右腿好像被什么东西刺了一下。他回头一看，一名男子拿着一把黑伞慌慌张张地逃走了。

他想，可能是被这个人的伞尖误扎了一下，而且受伤的部位当时并不感到怎么疼痛，所以也就没有在意。可是回到办公室后，他感到很不舒服，立即被送到医院诊治。没有料到，4天以后马科夫竟在医院里死去。

原来，这是一起令人震惊的暗杀事件，凶手使用的是一种利用伞改制成的毒伞枪。这种枪能射出一种剧毒金属弹珠，可致人死命。当时从马科夫的腿上就找到了这种特制的金属弹珠。至于暗杀马科夫的原因，人们认为可能是为了惩罚马科夫在政治上的叛逃。

这种金属弹珠以铂铱合金制成，直径很小，约为2毫米。在弹珠上有两个凹槽，用来盛装毒性极大的蓖麻毒药。整个弹珠外面用蜡密封，是由藏在伞内的发射装置射出的。

毒伞枪只是种类繁多的间谍枪中的一种。由于间谍枪主要是秘密携带使用的，所以这类枪的口径一般较小，重量轻，而且响声微弱，不易被人察觉。为了掩人耳目，间谍枪一般多伪装成日常生活用具，枪管上大都装有消音器等。例如，一种伪装成公文箱的间谍枪，是在扁平的普通公文箱中装置着一支枪管较短的来复枪，并带有消声筒。箱子的提手环，就是枪的击发控制机构。在箱子前面的皮革上开有小孔，子弹就从这里射出。

烟盒、打火机也被制成间谍枪。烟盒枪精巧别致，外形和大小完全和普通香烟盒一样。当把烟盒上的锡纸撕开后，就会露出一个黑洞洞的孔，它就是枪管的出口端。在烟盒的侧面装有控制发射器，用手指按下去，子弹就会从枪管中射出来。

打火机枪的设计也很巧妙，枪管和控制发射器藏在打火机的盖子里。当把打火机的盖子打开时，约1厘米长的枪管就会弹出来，按动发射器即可进行射击。

另外，间谍枪还有手杖枪、烟斗枪、钥匙枪、腰带枪等等，五花八门，式样繁多。至于那致马科夫于死地的毒伞枪，则是以气体的压力将弹珠推出的。在伞把上的扳机上，装有一支压缩气体的气瓶，伞尖碰到

马科夫的腿上时，杀手扣动伞把上的扳机，释放击锤将气瓶击破，压缩气体被释放，就将弹珠射进马科夫的腿里了。

41　连发射击

——斯潘塞连发枪

　　早期的枪，只能单发射击，即扣动一次扳机只能射出一发子弹，射击速度较慢，不适应战场上的瞬息变化。因此，人们在积极设计制造能连续射击的连发枪。

　　清朝康熙十三年（1674 年），中国兵器制造家戴梓经过刻苦钻研，创制了世界上第一支能连续射击的连珠枪。这种枪外形像琵琶，火药和枪弹都储存在枪上特殊的弹仓里。弹仓可容子弹 28 发，由两个机轮开闭。当扳动一个机轮时，火药和铅丸落入筒中，而且另一个机轮也随之开动。它用燧石发火，点燃火药，将弹丸发射出去。一次可连续发射 28 发子弹，威力相当大。戴梓的发明当时虽也曾受到康熙皇帝的重视，然而在封建社会里，戴梓的连珠枪却未能得到进一步的重视和发展，到乾隆皇帝当政时便散失了。

　　时间过了近两个世纪，直到 19 世纪 60 年代，一个叫做斯潘塞的美国青年才研制出一种连发枪，叫做斯潘塞连发枪。

　　斯潘塞连发枪的枪托底部开挖了一个直通枪膛的洞，子弹从洞里装填进去。在洞口装有弹簧，以便借弹簧之力将子弹向前送入膛内。它的扳机护圈又是用来控制子弹进膛和退壳的控制杆，并直接和枪机相连。当用手将控制杆向前推时，枪机便跟着向后退，完成开锁和退壳运作；当控制杆回到原位时，下一发子弹在弹簧力的作用下进入枪膛。于是，

子弹便能连续发射出来。

斯潘塞发明这种枪以后，为了使人们重视他的枪，他便只身闯进了美国北军的陆军总部，费了不少口舌讲解这种连发枪的优点，但忙于公事的军械员对他很冷淡。

正当斯潘塞无可奈何之时，正好遇到北军统帅亚伯拉罕·林肯（即后来的美国第 16 任总统），林肯耐心地听了斯潘塞的介绍，并用他发明的枪进行了试验射击。在这种情况下，美国北军的陆、海军总部才对这种枪进行了鉴定。在 1864 年 12 月正式将斯潘塞连发枪作为北军的装备武器。

当时的斯潘塞连发枪的连发方式，在结构上还很粗糙，而且是手动操作的，但是它的连发原理对后来的自动枪产生了重要的影响。

42　火力凶猛

——马克沁重机枪

1884 年，那位发明自动枪的美国人马克沁又研制成功了第一支重机枪，它仍是利用枪管后坐力原理进行自动射击的，所以又叫马克沁重机枪。马克沁重机枪刚问世时，人们不了解它的性能，所以使用的比较少。为了宣传推广重机枪，马克沁携带这种枪几乎走遍了欧洲各国。

1887 年，他来到俄国彼得堡进行试验表演。那里的军政要人还不知道重机枪是什么新武器，便抱着好奇的心理来观看试验。试验在"哒、哒、哒"的枪声中开始了，子弹像流水似的射出枪膛。刚过半分钟，就打光了 300 多发子弹，参观的人们都惊奇得目瞪口呆，因为他们只看到过每分钟射击 200 发子弹的枪。马克沁试验枪的消息很快就传开

了，人们开始知道了重机枪的威力，于是俄国等一些国家开始研究和仿制重机枪。

俄国研制的重机枪，采用低轮枪架和防盾板代替原先笨重的、易受攻击的高轮枪架，并以钢件替换了青铜件，因而使整个枪的重量比原来减轻了三分之二。这种枪在俄国称作 1910 式重机枪。它的射速高、火力猛，因而射击威力大。

1903 年，马克沁和英国著名的军火商维克斯对重机枪进行改进，简化结构，减轻重量，并使其威力得到进一步提高。这种经过改进的机枪，被称为维克斯机枪。

重机枪不仅能作为防御武器守卫阵地，而且还能在进攻时进行隐蔽射击，是一种火力凶猛、攻守兼备的速射武器。

1916 年，在第一次世界大战的索姆河会战中，德国使用马克沁重机枪，在一天之内，使英法联军伤亡近 6 万人，相当于 4～5 个师的兵力。重机枪被列入步兵近距离支援武器。在战斗中，重机枪的密集火力有巨大的杀伤作用，以至于有人认为，用一挺重机枪可以代替 30 个步兵作战，可见它的威力和效率之一斑。

43　掩人耳目

——两用机枪

第一次世界大战结束后不久，获得胜利的协约国代表齐集法国巴黎凡尔赛宫，与战败国德国签订了历史上有名的凡尔赛和约。凡尔赛和约规定德国不得生产包括重机枪在内的各种进攻性武器，只能在协约国的监督下生产一些运动步枪、半自动手枪等。

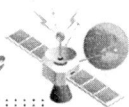

但是，凡尔赛和约很快成了一纸空文，德国法西斯分子为了独霸和奴役世界各国，疯狂地进行扩军备战，并建立了一些武器制造厂和公司，研究和生产各种武器弹药。其中的毛瑟武器公司就是专门生产轻武器的。当时，德军的军事头目们对在第一次世界大战中德国在索姆河畔用重机枪取得的辉煌胜利铭记在心。然而他们又慑于国际舆论，不敢明目张胆地研制重型武器，只能偷偷摸摸地搞。

不久，德国研制成功了一种新武器——MG34 机枪。为了掩人耳目，他们将实际上主要作为重机枪使用的 MG34 机枪佯称为两用机枪。这便是世界上最早出现的两用机枪。MG34 两用机枪于 1936 年正式装备德军，是德国在第二次世界大战中使用的主要步兵武器之一。

所谓两用机枪，就是既可以作轻机枪使用，又可作重机枪使用。两用机枪带有轻便的两脚架，将两脚架支起，就是一挺轻机枪；若将两脚架折起，整个枪身就可安放在重机枪枪架上，并使用大容量的弹链箱供弹，这时就成为火力凶猛的重机枪。

两用机枪在设计上有一些独特的优点。例如，它的供弹方式较多，既可用弹链供弹，又能用弹鼓供弹，而且还能左右侧双向供弹。因而它的用途较广，不仅可用作重机枪或轻机枪，而且还可用来高射和改装成坦克机枪。在结构上，它也有一些独到之处，如采用直枪托和兼有消焰作用的驻退器等。它的不足之处是，重量过大，结构也较复杂。

后来，在第二次世界大战中，MG34 机枪经过不断改进，变成了MG3 两用机枪。MG3 式 7.62 毫米两用机枪的射速高，其理论射速高达每分钟 1300 发，火力强，相当于两挺美国 M60 通用机枪。MG3 机枪能在高速射击时快速更换枪管，借助一种特殊机构，6 分钟即可将枪管更换完毕。

在现代战争条件下，要求提高机枪的机动性和杀伤力，有的轻机枪已与突击步枪组成小口径枪族，而重机枪已让位于车载机枪。人们正在研究为机枪配备无壳弹以增加携弹量，还将配置光电夜视瞄准装置，以便全天候作战。

44 防空卫士

——高射机枪

第一次世界大战时，飞机已被全面用于作战。在这种情况下，非常需要能从地面向飞机射击的武器。当时，有人曾用步枪和机枪从地面向飞机射击，但由于子弹速度慢，而且子弹到达一定高度后就失去了威力，因此对飞机几乎不起作用。

为此，一些国家开始研究专门用于对空射击的高射武器。到第一次世界大战结束时，法国率先研制成了世界上最早的高射机枪。这种高射机枪是在普通重机枪上安装了一种特制的枪座，以便能对空中目标进行瞄准。但这种机枪同其他机枪一样，子弹射到一定高度后便失去攻击威力，因此只能用来射击在 1000 米低空飞行的敌机。后来，这种高射机枪改制成为双座飞机（两人驾驶的飞机）的后座飞行员在空战中使用的航空机枪。

在 20 世纪 30 年代，苏联为 7.62 毫米马克沁重机枪配制了专用枪架，作为高射机枪使用，并在这种重机枪的基础上不断改进，先后研制成功了 1938 年式 12.7 毫米和 1944 年式 14.5 毫米大口径高射机枪，可用来射击距离为 2000 米以内的低空飞机和空降兵等。

为了更适于作战，这种高射机枪还

中国 77 式高射机枪

配置了两轮或四轮枪车，可由机动车牵引，能够快速灵活地移动。为了使高射机枪火力集中猛烈，在安置时可采用双联或四联装的形式，就是将2个枪管或4个枪管联装在一起，成为一挺机枪。第二次世界大战时，这种高射机枪对2000米低空飞机威胁力极大，各国都大量配备使用。

自20世纪50年代以来，飞机的速度在不断提高，防弹能力也在增强，高射机枪用来对付高速低空的飞机已显得力不从心，但是，用来射击武装直升机还是绰绰有余。如在20世纪80年代时，阿富汗游击队就用高射机枪击落过苏联入境的两架飞行高度为400多米的米-24武装直升机。

双联和四联高射机枪的构造较复杂，通常都用机动车牵引。它们的火力强而集中，射速快，射击的范围也比单管高射机枪大。

目前，国外将高射机枪多用作主战坦克的并列机枪，或者作为装甲车辆上的活动机枪等。

另外，将高射机枪配备于民兵或非正规部队的游击队在山地、丛林中使用，以及用来对付飞行速度较慢的直升机等目标，仍不失为一种有力的防空手段。再者，高射机枪还可作为高、平两用武器使用。

45 构思奇巧
——航空机枪

早期的飞机，不仅制造粗糙，飞得既慢又低，而且上面没有武器装备。第一次世界大战爆发时，由于战争的需要，交战国匆忙地将飞机投入战场。

起初，交战国双方的飞机在空中相遇时，飞行员用投石块、砖头等来袭击对方，继而用手枪和步枪对射，但是，这些办法都难以击中对方，无法空战。在这种情况下，英、法等国又将机枪搬上了飞机。可是当时的飞机头部都装有螺旋桨，机枪的射击速度是每分钟600发，螺旋桨的转速为每分钟1200转，机枪若向前射击，子弹就无法顺利穿过高速旋转的螺旋桨。因此，只好把机枪装在双翼机的机翼上，有的还把机枪装在飞机尾部，向后射击。

可是，这样又给空中作战带来了问题。飞行员要向对方射击时，必须把飞机的尾部对向敌机，这样往往贻误战机。加之当时使用的是很笨重的路易斯机枪，使本来运载量就不大的飞机飞不高，速度更慢，还来不及向对方开火，就成了对方射击的目标。

1915年，法国人成功地用一块楔形钢片来保护螺旋桨的正对枪口出口处，可以在子弹射出时保护螺旋桨不至损伤，但这样做有一定的危险，因为如果子弹恰好从楔形钢片反弹回来，就可能伤害飞行员或伤害飞机。然而德国人却从这里得到启发，责成印度尼西亚籍的德国技师安东尼·福克设计出更为完善的射击机构。

福克从小聪明好学，早在五年前就自己设计制造了当时最好的单翼飞机，对飞机的性能和构造都比较熟悉，所以他很快就完成了这项任务，设计并制成了一种构思奇巧的螺旋桨旋转与机枪子弹射击同步的机构。

这种射击机构结构新颖，使用安全可靠。它以凸轮系统连接螺旋桨的转轴和机枪的击发装置，从而保证只有当枪口与螺旋桨的叶片不在一条直线上时，子弹正好由枪口射出。正是由于有了这种简单实用的自动控制的射击机构，才使得普通机枪正式成为航空机枪，成为应用最早的空中

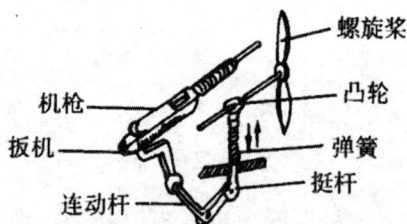

福克设计的同步机枪射击机构原理图

火力。

在第一次世界大战中，德国击落协约国的 8400 架飞机，有 80％是用包括航空机枪在内的战斗机的航空武器击毁的，可见航空机枪的威力还是相当大的。

航空机枪的出现，使飞机成为战斗机，也标志着航空武器已从步兵武器中独立出来，成为一种专用武器。

福克发明的航空机枪在 20 世纪 20～30 年代得到了进一步发展，一直到第二次世界大战中还被采用着。后来，没有螺旋桨的喷气式战斗机在第二次世界大战末期问世后，它才退出历史舞台销声匿迹了。

20 世纪 70 年代末期，美国、英国的空军部队都先后装备了先进的攻击机，其上都装有经过改进、火力很强的航空机枪，使航空武器得到进一步发展。

20 世纪 80 年代中期，苏联入侵阿富汗使用的米-24 武装直升机上，就装备了 A12.7 毫米航空机枪。一次战斗中，用这种机枪激烈射击几分钟后，就将地面上的两个火力点摧毁，甚至连阵地上的几块大石头也被炸成碎块，腾飞起 10 多米高……这表明，航空机枪在现代战争中还是有一定威慑力的。

46　别出心裁

——头盔枪的发明

第二次世界大战后，武器专家们经常为设计步兵武器大伤脑筋。这是因为步兵在阵地上射击时，必须将上身露出地面才能瞄准目标，这样就势必使自己成为敌人射击的靶子，所以在第一线作战的步兵通常是伤

亡最大的。为了尽可能地保存自己，消灭敌人，就要求步兵武器既便于隐藏，又能最大限度地发挥武器的效能。

一天，联邦德国的一位武器设计家在翻阅和整理有关第二次世界大战的一些实战照片时看到，一名士兵将枪支隐蔽在由阵亡同伴的头盔堆起来的空隙中射击，宛若从小碉堡里向外发射子弹。这位设计家突来灵感，茅塞顿开，一种适合隐蔽射击的头盔枪的设想渐渐形成。

后来，经过研制和试验，头盔枪在 20 世纪 70 年代初期正式问世了。

从外形来看，头盔枪与普通头盔没有多大的差别，但内部隐藏着很多机关。

在头盔枪的最上方，是容纳子弹的枪膛。其前端是射出子弹的枪管，而后端则是排泄火药气体的喷口。在头盔的前额处装着光学瞄准镜，当目标出现时，通过瞄准镜和装在射手眼睛前面的反射镜，可将目标准确地反射到射手的视线以内，这时，射手就可操作电发火装置，向目标进行射击。这样，射手就完全摆脱了双手托枪射击的老办法。腾出来的双手，还可操作其他武器或兼做别的事情，如驾驶车辆或使用观测仪器等。更重要的是，在战场上射手完全可以隐蔽起来，不必暴露上半身就可以射出子弹消灭敌人。

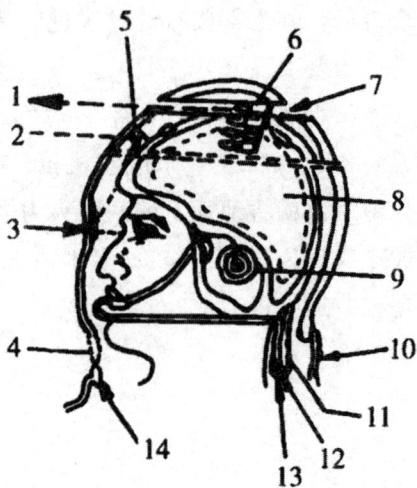

头盔枪

1. 枪膛轴线　2. 瞄准线　3. 反射线
4. 通气孔　5. 瞄准镜　6. 子弹
7. 喷口　8. 收发报机　9. 耳机
10. "三防"保护层　11. 氧气
12. 电流　13. 食物　14. 密封环

47　防劫自救

——化学枪

在美国某城市，一天晚上，街上的行人来来往往，光怪陆离的霓虹灯不断地变幻出令人眼花缭乱的图案。这时，一个衣着华丽的金发女郎拿着手提包，快步向一家酒吧间走去。

当她刚走到一个灯光暗淡的偏僻角落时，突然从暗处窜出一个黑影，伸手就去夺女郎手中的提包。女郎极力反抗，情急之中咬了歹徒的手，便提着包顺势脱逃。但歹徒像受伤的野兽在后面紧追不放。女郎一面高声呼救，一面快速打开手提包，从中取出了一个类似手电筒的东西，转过身来对着扑上来的歹徒按了几下。只听得"啊"的一声，歹徒双手捂着脸蹲在地下惨叫。等到警察赶来时，歹徒已晕倒在地上，很快就被拖上了警车。

原来，这个女郎用的自卫武器，是美国近年来研制成的便携式化学枪。化学枪的体积小，可以装在手提包内随身携带。它的结构比较简单，由金属圆筒、保险装置和击发器等部分组成。金属圆筒与手电筒的外壳类似。在圆筒内装有一种叫做 CS（即邻-氯苯亚甲基丙二腈）的溶液和二氧化碳等药剂。圆筒上带有不锈钢夹，以便将圆筒夹在手提包或衣袋上，也可夹在汽车驾驶座的遮阳板上。使用时，先打开保险装置上的保险，然后将击发器的按钮推到有"ON"标志的位置上，击发器即处于待发状态。按下按钮，圆筒内的化学溶液就会立即喷射出来。

这种呈雾状的化学溶液能使人体皮肤产生灼痛感。如果溶液进入眼睛，就会使人流泪不止，并暂时失明；20 分钟后，人还会感到呼吸紧

促，继而处于不能自制的昏迷状态。若用肥皂水清洗皮肤和用清水冲洗眼睛，上述症状就会逐渐消失，而且不会留下后遗症。这种化学枪的喷射距离可达 2~3 米，金属圆筒可重复使用。

化学枪能使犯罪分子暂时失去行动能力，从而达到防劫和自救的目的。

48 响声细弱

——微声枪

20 世纪初期，英国有一位叫做希拉姆·马克西姆的发明家，喜欢安静的环境，不愿听到吵闹声，特别是猎枪射击时的响声。为此，他决心研制一种能消除这种使人厌烦的声响的装置。经过苦心钻研和试验，1909 年他终于制成了一种装在猎枪上的消声器，能将猎枪射击时的响声大大减小。可以说，这就是世界上最早的微声枪。

1912 年，美国将马克西姆的消声器加以改进，然后装在步枪上，制成了微声步枪。

这种微声步枪的响声果然明显减小，以至美国一位将军在用它射击后，倍加称赞说："妙极了，声音小得就跟撕张纸一样！"此后，在微声步枪的基础上，美国又制成了微声手枪，主要供中央情报局的谍报人员和特种部队使用。

当第一批微声手枪生产出来时，当时美国总统的一位好友挑选了一支，准备送给总统。一天，他偷偷带着这支微声手枪和试验用的沙袋进了白宫。不巧，总统正在办公室里和别人谈话，没有注意到他的到来。于是，他就把沙袋放在总统办公室外面的角落，并用微声手枪连射 10

枪，周围竟始终没有人察觉。他更加喜悦，便用手帕包住发热的枪走进总统办公室。这时，总统才发现他的亲密朋友到了。当他把还有余热的枪递给总统时，总统惊讶不已，并幽默地对他说："只有你才能带着这种武器闯入我的办公室来，要是换了别人，说不定我的脑袋掉了还没有人知道。"

微声手枪

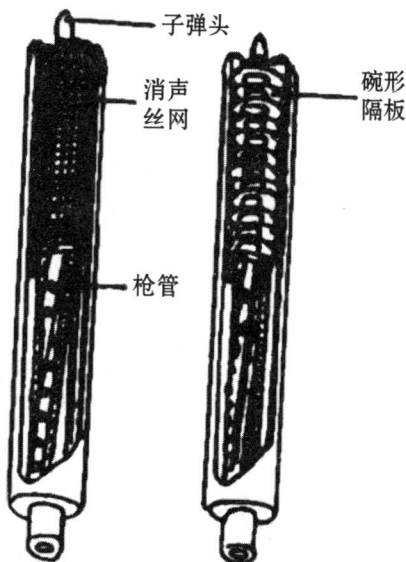

微声手枪消声筒

微声枪，就是我们常说的无声枪。实际上，用无声枪射击时并不是没有声音的，只不过声音微弱而已。所以，称它为微声枪更为准确。

对微声枪消声的标准，通常要求为在室内射击时，室外听不到声响；在室外射击时，室内听不到声响。另外，还要求微声枪射击时，在一定的距离外，白天看不到射击火焰，夜晚看不见火光。

微声枪的消声装置，主要是利用降低火药气体喷出枪口前的压力来达到消声的目的。火药喷出枪口的压力愈低，枪的响声就愈小。因此，将消声筒安装在枪口，使枪膛内的高压火药气体通过消声筒将压力减弱后才喷到大气中。

微声枪包括微声手枪、微声步枪和微声冲锋枪等，它们在结构上与普通枪没有多大的差别，所不同的是在枪上增设了消声器装置，并改进了枪弹等。

微声武器发展很快，现已从手枪、步枪扩展到其他枪械和火炮上，如英国制成的一种性能优良的微声冲锋枪，其有效射程为150米。射击

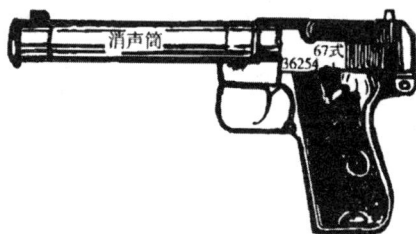

时，在 30 米外听不到响声，50 米外看不见火光。

49　快速击中

——警备枪

20 世纪 70 年代初的一天，在美国某大城市发生了一起抢劫案。两名盗窃犯明火执仗地闯入了一间金饰商店，抢走了大量的金银首饰和其他贵重商品。

店员报警后，巡逻警车随即赶来，向匪徒射击，可匪徒们已乘车逃之夭夭。一辆携带新型枪械的巡逻车已奉命对匪车紧追不舍。在距匪车约 2000 米时，警察便举起手中的新型枪向匪徒射击。在子弹未出枪口之前，首先有一个红色光点照射在匪徒身上，紧接着才是成串的子弹快速射出，落在光点附近。

两名匪徒应声倒下。后来验尸时看到，有 9 颗子弹分别射在心脏和脑部周围。

警察所用的新型枪，就是一种新型的警备枪——手提式激光瞄准枪。20 世纪 70 年代以来，美国各地先后已有 100 多个警察局配备了这种警备枪，专门用来对付犯罪分子，取得了显著效果。

发明这种枪的是一位美国枪械商。他经常听警察们说，袭击罪犯用的枪命中率低，往往眼看着罪犯在枪口下逃脱。于是，他就想研制一种打得准的警备用枪。

这位枪械商对枪很熟悉，他知道要使枪打得准，就得瞄得准。但如何能瞄得准呢？他想到了 20 世纪 60 年代才问世的激光。激光定向性好，而且亮度又很高，如果用它做瞄准仪，只要用激光射到目标上，扣

动扳机，子弹就会准确地击中目标。于是，经过试验研究，就研制成了世界上第一支用激光瞄准的警备枪。

手提式激光瞄准枪的命中率极高，火力也很强，能将车辆的防护装甲击穿，还可穿透厚墙壁。如果给它配备上红外探测器，还能在漆黑的夜间准确地击中距离 1 千米以内的目标。

这种新型警备枪的尺寸小，重量轻，结构精巧，可以拆开放在公文包内携带，又能在需要时很快组装起来，所以它除了做警备用枪，还作为美国毒品调查人员随身携带的自卫武器。

这种枪平时可藏在公文包的暗层里，并以包的提手控制击发。遇到紧急情况时，按下击发按钮，红色的激光点便透过包的外层而照射在目标上。接着，子弹便从枪口中冲出而将目标击中。

50　坦克对手

——反坦克枪

在第一次世界大战中首先吃到坦克苦头的德国，为了对付坦克的威胁，就采用各种办法来打坦克。例如，先用飞机侦察集结的坦克，然后用炮火轰击；或者是在坦克开近时，用机枪和步枪射击它的潜望孔和瞄准镜，使坦克变成"瞎子"。

然而到了第一次世界大战的后期，英国、法国等国使用的坦克装甲厚度已达 20 毫米左右，行驶速度也有了进一步提高，用机枪和步枪又很难射中它的眼睛——潜望孔，而且那时德国打坦克用的野炮，机动性和火力都很差，直射距离仅 500 米左右，实际射击速度每分钟才 2～3 发，不仅挡不住坦克，反而成了坦克射击的目标。在一次用野炮打坦克

的战斗中，德国损失 700 多门炮才击毁英法联军约 102 辆坦克。这就是说，每击毁一辆坦克要损失 7 门火炮。

在德国对坦克束手无策的情况下，德军与英军在阿让斯又进行了一场战斗。当时，德国的一些机枪手和狙击手，使用了一种叫做 K 型的子弹向英国坦克射击。出乎意料，这些子弹竟穿透了英国的坦克装甲。于是，德军统帅立即下令给每个步兵发 5 发 K 型子弹，专门对英国坦克进行射击。结果，英国坦克遭受了很大损失。

阿让斯战役之后，英国立即对坦克装甲钢板进行了研究改进。他们采用一种淬火装甲钢板，很快造出了新型的坦克，并准备在即将开始的麦森斯战役中投入使用。

德国获悉英国将使用新型坦克后，又立即研制了一种专门用来打新型坦克的武器——毛瑟反坦克枪，这就是世界上最早的反坦克枪。

毛瑟反坦克枪由标准的口径 7.92 毫米步枪改制而成，口径达 13 毫米，长为 1.7 米，重 11.8 千克，发射的钢芯弹，能在 110 米的距离内，成功地穿透英国的新型坦克的前装甲。然而，德国还没来得及在战场上使用这种反坦克枪就战败了。后来，英国、法国、美国等国根据这种枪也研制了反坦克枪。

反坦克枪能发射具有坚硬钢芯的穿甲弹和穿甲燃烧弹，能穿透当时最厚的坦克装甲（30 毫米），而且在击穿坦克装甲后能引燃坦克油箱和杀伤车内乘员。从此，步兵再也不像以前那样专找坦克潜望孔射击了。

由于反坦克枪体积小，携带方便，机动灵活，而且又能大量生产，因而在战场上大显威风，打得坦克寸步难行。坦克不得不再次提高速度和加厚防护装甲。

反坦克枪的优势一直持续到第二次世界大战初期。现在，已有威力更大的反坦克武器代替了反坦克枪。

51 神奇枪手

——身手不凡的头盔枪

在一个开阔地带，一队偷袭的士兵乘着黎明的曙光，手持冲锋枪，在悄悄地向敌军阵地移动。距离敌军阵地越来越近了，可是敌军毫无动静。指挥官举起望远镜，只看见敌军新构筑的堑壕，却没看到一个人影。

正当他们猜疑之际，突然子弹似暴雨般地扫射过来，而且像长上眼睛似的，打得相当准。那些冲在前面的士兵，一个个倒在血泊中。

指挥官命令士兵迅速卧倒，以减少伤亡。他又向前仔细观察，前面还是一片没有人迹的原野，然而子弹依然从头顶呼啸而过。这些神出鬼没的子弹是从哪儿射过来的呢？

原来，这是我们在前面那篇《别出心裁》中介绍的头盔枪在发挥威力。头盔枪是一种新型射击武器。隐蔽在前面堑壕中的士兵，每人佩戴着一个奇特的头盔，子弹就是从那些头盔的顶上射过来的。

头盔枪在战场上就像一座小碉堡一样，由于它的瞄准、射击等均采用自动装置，因而在射击时几乎是眼到枪响，打得很准。如果敌人突然

用头盔枪射击敌人

使用化学毒剂、生物武器或核武器时，头盔枪也有对付的绝招儿。这是因为头盔枪有一层内装的特殊保护层，能起到"三防"的作用。不仅如此，当强烈的核闪光突然来临时，额前的瞄准设备还会自动关闭，使眼睛处于安全的保护中。与此同时，头盔上的通气孔也会立即关闭，背囊中的输氧设备会自动地向士兵供氧。

头盔枪的头盔是用重水合成的泡沫塑料制成的，不但质轻，而且能承受住 500 米以外的步枪直射弹射击。对于一些流弹及枪弹碎片的袭击，头盔更是足以抵挡。

头盔枪虽然整体是密封的，但由于在口部、耳部装有传声器和耳机，因此与附近的伙伴联系也很方便。此外，头盔枪内还装有 12 个频道的微型收发报机，用于 1000 米之内的通信联络。

更使人惊奇的是，头盔枪的头盔内还装有食品输送管，遇到连续作战或其他特殊情况，不脱头盔就能吃到营养丰富的液体食品。

52　巧妙结合

——突击步枪

1941 年，第二次世界大战的初期，纳粹德国经过设计和多次试验，研制成功了兼有冲锋枪和步枪特点的两用枪。这种枪发射 7.92 毫米短枪弹。它既有步枪能远距离准确射击、白刃格斗拼刺的特长，又有冲锋枪火力凶猛突然、机动灵活、便于携带的优势。

最初，为了投希特勒喜欢冲锋枪之所好，所以就将这种新式两用枪称为 MP43 式冲锋枪。后来希特勒知道真相后，就下令把该枪命名为"突击步枪"，于是又改名为 MP44 式突击步枪。这就是世界上最早的突

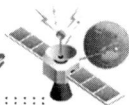

击步枪。

苏联在第二次世界大战中缴获了德国的MP44式突击步枪和与它配用的7.92毫米短枪弹，经过研究，他们很快认识到这种枪弹个头短小，可使步枪减小尺寸。受此启发，苏联在1943年研制成功一种介于手枪弹和大威力步枪弹之间的中等威力枪弹，这就是今天世界上颇负盛名的M43式7.62毫米枪弹。而发射这种枪弹的步枪直到1947年才设计出来，这便是有名的AK47式突击步枪。

AK47式突击步枪是由苏联著名枪械设计师卡拉什尼科夫设计的，也叫做7.62毫米AK47自动步枪。它最为突出的优点是坚固耐用，动作可靠，故障少，尤其适合在风沙、泥水等恶劣条件下使用，因而受到世界上许多国家的欢迎，大量采购使用。20世纪50年代，我国曾仿制此枪，命名为1956年式7.62毫米冲锋枪，装备部队使用。

1959年，苏联又在AK47式突击步枪的基础上研制成AKM突击步枪。所改进之处是，大大减轻枪的重量，增加了击发减速器，枪口处增加了一个抑制射击时枪口上跳和右偏补偿器。另外，还采用了一种多用刺刀。据了解，AK47和AKM突击步枪是世界上产量最多的枪械，数量达几千万支。

20世纪70年代，在世界步枪小口径化的浪潮冲击下，苏联又对AKM突击步枪进行改进，研制成比西方国家5.56毫米小口径步枪的口径更小的5.45毫米AK47式突击步枪。它保留了AKM突击步枪的主要优点和基本结构，并减轻了枪弹的重量，而且使枪口装置得到进一步改善。

53 微型火炮

——榴弹机枪

在 1991 年的海湾战争中，美国、英国等多国部队和伊拉克都分别使用了一种新型轻武器，它就是被称作步兵"微型火炮"的榴弹机枪。

这场战争被美国、英国等多国部队称为"沙漠风暴"。在"沙漠风暴"行动中，多国部队有 80％ 的作战行动是要清除伊拉克建筑的土木工事掩体，这种榴弹机枪就发挥了远距离火力的作用。在一次战斗中，被俘的 1600 名伊拉克官兵中有 480 人受伤，其中约有一半受伤者是由榴弹机枪发射的榴弹碎片造成的。由此可知，榴弹机枪在现代战争中是有一定威力的。

榴弹机枪又叫做自动榴弹发射器或连发榴弹发射器，是一种步兵近程支援武器。它的自动射击过程与自动步枪相似，而外形和结构却与机枪雷同，采用与机枪类似的瞄准具和枪架，并用弹链或弹鼓供弹，因此人们把它叫做榴弹机枪。而它与机枪不同的是，机枪发射出去的是子弹，而榴弹机枪发射出去的是榴弹。

世界上第一挺榴弹机枪，是 20 世纪 60 年代在越南战场上使用的 XM174 式 40 毫米榴弹机枪，但当时只是试用。后来到 1982 年，美国海军陆战队正式装备 MK19 榴弹机枪。苏联于 1975 年正式装备 AGS17 榴弹机枪。

目前，世界上共有 10 种左右的榴弹机枪装备使用，其口径为 30 毫米、35 毫米和 40 毫米，初速为 170～240 米/秒。这种机枪的主要特点：一是火力猛，理论上每分钟可发射 300～450 发弹；二是射程远，

约达 2000 米；三是既能发射杀伤榴弹，用以杀伤有生目标，又能发射破甲弹，用米毁伤敌轻型装甲车辆，而且还能发射烟幕弹、燃烧弹等其他弹药。

在榴弹机枪中，出现较早而又有名气的当属美国的 MK19 式 40 毫米榴弹机枪。还在越南战争期间，美国海军就将 MK19 式 40 毫米榴弹机枪装在巡逻艇上，一旦发现两岸有神出鬼没的越军南方游击队时，就用这种武器大面积扫射。显而易见，榴弹机枪的威力要比普通机枪大得多，难怪人们称它为"微型火炮"。

美国尽管很早就试用榴弹机枪，但一直不正式装备使用这种武器。后来到 20 世纪 80 年代初，苏联在阿富汗战场上装备与使用 AGS17 榴弹机枪后，美国才开始大量装备 MK19 式 40 毫米榴弹机枪，看来是怕别人占有这方面的优势。

苏联的 AGS17 式 30 毫米榴弹机枪，采用 29 发弹链弹盒供弹，武器全长 840 毫米，重 30 千克，有效射程 800 米，最大射程 1750 米，实际射速每分钟 65 发。这种武器除在阿富汗战争中使用外，还在安哥拉战争、两伊战争和海湾战争中使用过，具有相当大的威力。

德国 HK 公司新近研制的 40 毫米榴弹机枪，是一种枪管与弹鼓装在一个壳体内并一起作纵向运动的武器。它的特点是，配有弹道计算机和全天候激光测距机，是当前榴弹机枪中高技术应用较多的武器。它的初速为 240 米/秒，武器重 35 千克。

我国于 20 世纪 80 年代中期自行研制成 1987 年式 35 毫米榴弹机枪，它装两脚架时全重 12 千克，而装三脚架时全重 20 千克，是同类武器中最轻的一种。这种机枪可单发，也可连发，用 6 发弹匣或 9 发弹鼓供弹，最大射程 1500 米。

54 新式枪弹

——无壳弹

　　无壳弹是一种新型枪弹，它和普通枪弹不同，主要是去掉了盛装发射药和安装底火的弹壳，采用了可燃黏结剂将发射药黏合后模压成柱体状，并把弹头和底火分别嵌在火药柱的两端。

　　20 世纪 60 年代末，联邦德国决定研制一种新步枪，以取代现役的 G3 式步枪和 MP2 式冲锋枪。新步枪的设计要求命中率要大大高于老枪，即 3 发点射时，在 300 米距离处子弹的散布应在 36～60 厘米的范围内。

　　设计师科默研究后认为，要提高命中率，就需要将射速从现在的每分钟 1000 发提高到每分钟 2000 发以上，使射击时枪口未来得及上跳，枪弹就已射出枪口，从而保证连发时的精度。听到要达到这么高的连发速度，顿时使其他设计人员目瞪口呆。因为步枪如果能这样完成供弹、闭锁、击发、开锁、退壳和抛壳等全套

无壳弹步枪

无壳枪弹

射击循环，枪机等活动机件的运动速度就要达到每秒 18 米，这显然是步枪难以承受的。

　　为了使枪能够承受这么高的射速，科默一改通常的设计方案，把研究放在了子弹上，别出心裁地研制了一种无壳弹。

无壳弹因为无弹壳，在射击时既不用抽壳也不需抛壳，因而可缩短射击循环，大大提高了射速，提高了枪的命中率；因为无弹壳，射击时不需要抛壳，一次装弹完毕后即可完全封闭机匣，因而枪的结构也相应简化，如取消了退壳装置；因为无弹壳，枪弹重量大大减轻，枪弹携带量大大增加；因为无弹壳，还可以节约大量金属，简化生产工序。

1978年，新式无壳弹步枪参加了北大西洋公约组织的射击试验，获得了军事专家们的好评。

55　神秘怪客

——F-117A 隐形飞机

1991年的海湾战争期间，美国的一种呈三角形的怪飞机尽显身手。在"沙漠风暴"行动的第一天，这种飞机就被派出了两个中队，对伊拉克境内80个重要目标进行轰炸。它投弹准确，令人惊奇。巴格达的国防大楼非常坚固，一般扔在楼顶上的炸弹是炸不穿大楼的。然而，这种飞机投出的炸弹竟从大楼顶部通气道钻进去，将这座大楼炸塌。当时，伊拉克首都有不少防空洞和地下掩体。有一个地下掩体，用一般飞机多次投弹都没有命中，而这种飞机投的第一枚炸弹就在掩体上炸开了一个缺口，紧接着投出的炸弹竟能准确飞入第一枚炸弹炸开的缺口中，从而将地下掩体彻底摧毁。在这次海湾战争中，巴格达的地面防空火力是很强的，而这种飞机竟能屡建奇功，成为唯一没有损失的机种。

这就是世界上第一种实用的隐形战斗轰炸机F-117A。由于这种飞机在投入使用前被搞得神秘异常，就连试飞也在夜里进行，加之它的外形奇特，所以人们称它为"神秘怪客"。

说起"神秘怪客"的出现，确实也曾充满神秘气氛。早在 1982 年就传出消息说，美国在研制一种新型的隐形飞机，可是谁也没见过。1986 年 11 月 7 日，在美国加州的贝克斯菲尔德机场，一架美国空

美国 F-117A 战斗机

军夜航飞机突然坠毁。记者们急忙赶去拍照，想看看它是否就是那种隐形飞机。谁知机场已被封锁，到处是荷枪士兵，戒备森严。记者们抢拍的照片上只能看到士兵们乱晃的手，看不到那架飞机的模样。

这种不正常的现象更引起众人的猜测。正在此时，美国一家玩具工厂凑热闹，突然生产了一种叫做隐形飞机的玩具投入市场，这下子人们以为美国的机密被揭开了，掀起了一股抢购风潮，连当时苏联驻美国大使馆，也马上买了一大批运回国去分析研究。这大概是美国五角大楼为真正的隐形飞机在大造声势。

那么，"神秘怪客"到底是个什么模样呢？人们翘首以待，但直到 1990 年 4 月它才显露出其庐山真面目。这一年的 4 月 21 日，美国首次在空军基地展示了它的尊容，记者们终于见到这种外形如同蝙蝠的黑色隐形飞机。

其实，隐形飞机并非是说飞机在视野内不能被看到，而是说利用各种方法和技术，减弱飞机的特征信息，使敌方雷达和红外线等探测系统不易发现。飞机"隐形"的主要方法有：机体尽量采用非金属材料制作；飞机表面的金属部位喷涂能吸收雷达波的材料；飞机表面各部分的连接处，尽可能避免直角相交，采用圆滑融合；改变飞机喷气孔的方向，用冷空气降低喷气温度，喷气孔四周加隔热层和红外挡板等等。

至于那架"神秘怪客"F-117A 隐形飞机，它的机翼后掠角约为 45°，整个飞机主要由轻而结实的复合材料制成，飞机的外形之所以设

计成三角形，就是为了反射和吸收雷达波，增强隐形能力。所以，它在海湾战争中没有一架被击落。

那么 F-117A 隐形飞机在海湾战争中投弹命中率为什么会如此之高呢？这是因为，机上装有先进的激光照射指示器，所以它投出的激光制导炸弹达到了命中率为 100％ 的水平。

然而，在 1999 年年初以美国为首的北约轰炸南联盟中，从未被击落过的 F-117A 隐形飞机刚露面不久，就折翼于科索沃，像倒栽葱似的跌落下来，打破了隐形飞机不被击落的神话，使用 20 多亿美元造成的"王牌"飞机变成一堆废钢铁。F-117A 飞机的这种悲惨遭遇，是由于飞机设计时，为了提高它躲避雷达探测的隐身本领，其外形不利于飞机飞行，降低了飞行速度。而飞得慢，就必然成了敌方防空武器射击的靶子。

56　变形飞机

——舰载"海鹞"战斗机

1982 年 4 月，在英国与阿根廷在大西洋南端的马尔维纳斯群岛进行的海战中，英国派出了"无敌号"、"竞技神号"航空母舰，赶到马岛附近海域参战。一天，阿根廷空军派出 4 架法国制造的"幻影"式战斗机向英国的"无敌号"航空母舰飞去。这时，只见"无敌号"航空母舰的甲板上有一群黑色的战斗机立即起飞。这些战斗机起初像直升机一样，利用背上的螺旋桨腾空而起，但飞到一定高度后，突然从它们的两侧伸开翅膀，而背上的螺旋桨就停转了，直升机就立即变成喷气式战斗机。这种变化令阿根廷的飞行员们感到奇怪。原来，这是英国 1978 年

研制的舰载型"海鹞"式战
斗机第一次参加实战。

20 世纪 70 年代，英国
经济不景气，造不起大型航
空母舰，只能造 3 万来吨的
小型航空母舰。这一来，就

"海鹞"式垂直起落飞机

出现了矛盾：航空母舰小，甲板短，距离不够长，喷气式战斗机不能正
常起飞和降落。于是，英国便研制了这种能在短距离甲板垂直起飞和降
落的舰载型战斗机——"海鹞"式舰载垂直短距离起落多用途战斗机。
这种飞机于 1978 年造成，1980 年正式起用，在英国海军服役。

在"海鹞"式战斗机参战之前，英国听说阿根廷用的战斗机是法国
的"幻影"式飞机，于是途中专门路过法国，跟法国的"幻影"式战斗
机在空中进行过实战演习。开始时，"海鹞"式战斗机总是被"幻影"
式战斗机咬住，多次吃败仗。英国人觉得莫名其妙，找不出原因。后
来，法国人将其中的奥妙告诉英国飞行员，原来"海鹞"式战斗机肚皮
下的颜色是白色的，非常显眼，老远就能看到。英国人马上就把飞机肚
皮下的白色改成黑色。这一来，"幻影"式战斗机就很难咬住"海鹞"
式战斗机了。于是，在航行途中英国人把"海鹞"式战斗机全部涂成了
黑色，变成了黑色飞机。

"海鹞"式战斗机在马岛第一次空战，就遇上"幻影"式战斗机，
双方都使用了"响尾蛇"空对空导弹，经过几个回合较量，"海鹞"式
战斗机发挥出色，把阿根廷的"幻影"式战斗机击落了。旗开得胜，更
增强了英国飞行员使用"海鹞"式战斗机的信心。在整个马岛战争期
间，"海鹞"式战斗机共参战 4 次，出动了 1500 架次，共击落阿根廷飞
机 31 架，而"海鹞"式战斗机只损失了 2 架，成了海空战中的"明
星"。

英国研制的这种舰载型"海鹞"式飞机，装有涡轮风扇发动机。它
的发动机有 4 个喷管，都能在飞机机身两侧喷气，而且喷管的喷口可以

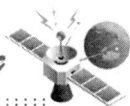

同时转动。当喷口向后时，发动机中产生的燃气就向后喷出，于是在反作用力的推动下，飞机便向前飞行。其最大平飞速度为每小时1186千米。而当喷口转向下喷气时，就能使飞机垂直向上升起；若减少向下的喷气量，飞机就会因本身重量而垂直降落到地面。因此，这种飞机起飞降落不需要很长的跑道，便于出击、疏散、隐蔽和转移。

其实在第二次世界大战后，一些国家已相继着手研究垂直短距离起落飞机（起飞和着陆距离在300米以内）。20世纪60年代时，已经出现了10多种垂直短距离起落飞机。现已装备部队的除英国的"鹞"式和"海鹞"式飞机外，还有苏联的"雅克-36"。

垂直短距离起落飞机是今后军用飞机发展的一个重要方向。美、俄等国除研制超音速垂直短距离起落歼击机外，还重视发展垂直短距离起落运输机和其他飞机。垂直短距离起落飞机的发展方向，主要是改进它的动力装置、气动布局和操纵调节系统，广泛采用高效能增升装置。

57　鸟撞机毁

——B-1轰炸机

美国在20世纪60年代研制成的B-1飞机，是一种可变掠翼型轰炸机。研制这种飞机的目的，是想用它代替B-52轰炸机。

B-1轰炸机全长近45米，机高10.36米，翼展23.8米，全展开可达41.67米。它的最大时速可达1530千米。这种飞机的载弹量较大，达2.9万多千克。在机腹下带有3个武器舱、8枚巡航导弹和24枚远程导弹，还可以携带数十枚核弹头。因此，它是美国较先进的一种战略隐形轰炸机。

这种飞机的最大特点，就是它具有低空突防能力。有一次，一架刚研制出来的 B-1 轰炸机正以 960 千米的时速做低空飞行训练，正当驾驶员准备掠过一个湖面时，突然，机身摇晃了一下，随即飞机操作失灵，接着"轰隆"一声巨响，飞机冒着浓烟烈火，一头栽在湖对面的岸上。

美国 B-1 轰炸机

美国中央情报局和空军司令部十分重视这一事故，立即组织专家进行调查，要查明出事的原因。

专家们首先找到了飞机上的黑匣子，然后对飞机的各部分进行仔细的检查，还对一些地方做了实验。经过一个多星期的研究分析，得出了出乎人们意料的结果，原来，飞机是被一只 6.8 千克重的鹈鹕"击落"的，一时间使不少人难以置信。

原来，鹈鹕撞上了飞机的可变掠翼部位，这部分的飞机蒙皮特别薄弱，又正好是液压系统和燃油系统的管道纵横交错的地方。鹈鹕的体重尽管很轻，但碰撞时的速度是鸟的速度加上飞机的速度，这样高的速度使这只鹈鹕变得像炮弹一样有力，结果将燃料管撞破，燃油顿时冒出，引起发动机爆炸起火，导致飞机失事坠落。

B-1 轰炸机最初设计时，设计师曾到这个湖的附近做过调查，了解到栖息在湖边的鹈鹕一般体重不超过 3 千克，所以设计撞击重量在可变掠翼敏感处为 3.5 千克，还留有了一定的安全余量。可是，偏偏这只鹈鹕重 6.8 千克，结果就可想而知了。

原因找到后，美国空军下令 B-1 轰炸机全部停飞改装。将飞机可变掠翼处的蒙皮加固，并装上一些防止鸟类碰撞的部件，然后才批准 B-1 轰炸机重新起飞。

58 "飞行花生"

——垂直升降无人侦察机

1971年，加拿大经过4年的研究实验后，研制出一种双球体双旋翼式无人驾驶侦察机。这种侦察机外形很奇特，由上、下两个圆球组成，球的直径为0.6米。在上部的圆球中，装有一部发动机和燃料箱，而下部的圆球则装着控制线路、通信设备和侦察器材。两个圆球中间用圆柱体连接。在圆柱体上有上、下两副旋翼，每副旋翼由3个叶翼片组成。发动机开始工作时，带动上、下旋翼向相反方向旋转。旋翼快速旋转后产生强大的升力，使无人机垂直升起。远远望去，犹如一颗巨大的花生在空中飞翔，人们便给它起了一个形象的名字——"飞行花生"。其实，它的正式名称是CL-227型垂直升降无人驾驶侦察机。

侦察机上配有电视摄像机、微光电视摄像机和红外观察仪，还有为激光制导炮弹指示射击目标的激光目标指示器、对敌人通信系统进行电子干扰的电子干扰设备等。由地面遥控站通过无线电控制飞行和监视各种仪器的正常工作。

更先进的是，"飞行花生"拥有两套控制系统。在正常情况下，可以通过预先编好的程序或者无线电控制系统进行遥控、监视。如果遇到敌人的干扰，可采用系留飞行的方式，即从飞行器上放出一个缆索盘，并拉出一条吊索。这时，机上电视摄像机拍下的目标图像和搜集到的侦察情报，通过系留缆索传到地面，可以抗干扰和保密。

"飞行花生"既能供地面部队或海军舰队在作战中进行战场侦察和目标搜索，又能用于边境巡逻、交通管理、灾情控制等方面，而且具有

良好的机动性和隐蔽性，可在各种复杂环境中进行昼夜 24 小时的侦察、警戒、目标定位、电子对抗等。"飞行花生"以其奇特的外形和优异的性能，成为无人驾驶飞机中的佼佼者，有着广阔的发展前景。

59　旋翼转位

——倾转翼直升机

虽说军用飞机中已经有了将固定旋翼装在机身上方的直升机，后来又有了采用喷口转变方向使飞机既能垂直起降又能平飞的英国"鹞"式垂直短距离起落直升机，然而美国贝尔电话公司年轻的科技人员，却在设想能再发明出不采用以上两种垂直起降方式，其结构更简单，重量又轻，而且动作灵活、飞行速度快捷的军用直升机。

怎样才能使新设计的直升机既不同于以往已有的直升机，又具有以上种种优点呢？贝尔电话公司的科技人员想到了另外一条设计上的新路——将固定翼改为既可作为旋翼也可作为水平翼。也就是说，设计一种机翼，可以像普通直升飞机的旋翼那样直升直降；但是当飞机升空以后，旋翼就转成水平方向的固定翼。经过一段时间的研制，在 1958 年用金属制造出世界上第一架旋翼可以转动的 XV-3 倾转翼飞机。

然而，当时由于一些关键技术还未过关，使这种新型直升机还在襁褓之中就夭折了。从 20 世纪 70 年代中期起，美国贝尔电话公司又倾其技术精英，全力以赴地投入到这种直升机的研制中。在 1977 年研制成功了世界上第一架实用型的倾转翼直升机——XV-15 飞机。1982 年美国又研制成更先进、更实用的 V-22 鱼鹰倾转翼直升机。

V-22 鱼鹰直升机有固定机翼，并在机翼两端装设了 2 台带旋翼的

发动机。当飞机要起飞时，发动机转到垂直状态，旋翼转动产生向上的升力，使飞机扶摇直上；当飞机进行水平飞行时，发动机就转到水平状态，旋翼就产生向前的拉力，于是飞机就向前飞行。鱼鹰直升机的平飞速度最快可达每小时 550 千米，这是一般直升机所望尘莫及的。它的旋翼从水平转换到垂直，或从垂直转换为水平，仅需 12 秒钟。

V-22 鱼鹰直升机新颖奇特，具有升限高、速度快、航程远和操作方便等优点。目前，还很难有一种飞机能为各军兵种同时接受和采用，而美国的陆、海、空和海军陆战队都争相使用鱼鹰飞机。

60 电波之战

——EF-111A 电子战飞机

1991 年爆发的海湾战争，与历史上各次著名的战争不同的特点之一，就是它拉开了电子战的序幕。

这种电子战表现在美国使用了飞行速度快的 EF-111A 电子战飞机、预警飞机与各种作战飞机混合编队，飞临战场。其中 EF-111A 电子战飞机利用强有力的电子干扰，使伊拉克 200 千米范围内的雷达变成"瞎子"，各种光电传感器也纷纷失效，通信联络中断，指挥调度失灵，武器火力发挥失控，以致对于美国的飞机、导弹等的进攻，都居然不知，受到致命的打击。

电子战飞机，也叫做电子干扰飞机，它是在第二次世界大战中问世的。1942 年，英国制成了一种专门干扰机载雷达的干扰设备（名叫"地面杂货商"），并立即装备了一个歼击机大队。这个大队在不到 3 个半月的战斗中，就击落德国飞机几十架。因此，交战各国都对电子干扰

飞机重视起来，相继发展电子干扰飞机。

1981 年，美国用 F-111A 型战斗机改装而成 EF-111A 电子战飞机，这是目前世界上电子干扰能力最强的电子战飞机。据报道，只要有 5 架这种飞机，其产生的电子干扰效果，就足以影响从波罗的海到

电子战飞机干扰雷达群

亚得里亚海的绝大多数东欧国家的防空雷达和情报通信系统的正常工作。由此可看出它的威力之大了。

EF-111A 电子战飞机之所以有出色的性能，一是它上面装备着功能多样和种类齐全的电子对抗设备，包括欺骗式电子战系统、雷达报警接收机、电子自卫系统、敌我识别器、箔条和闪光弹投放器等。二是它的飞行速度快，最大速度为每小时 2272 千米，将近音速的两倍。三是航程远，空中不加油可飞行 3200 千米以上。四是载重量大，能携带重达 4 吨的各种电子设备。五是机上的计算机能力强，能进行大量信息数据处理。因此，EF-111A 电子战飞机是目前唯一能在各种条件下，昼夜执行多种电子干扰任务的飞机。

61　空中探密

——侦察机

19 世纪中期，照相机问世了。不久，一位法国人把照相机装在气

球上，第一次进行了空中摄影。飞机问世后，人们便把照相机搬到了飞机上，航空摄影侦察飞机从此就正式问世了。

第一次世界大战初期，一名英国军官在飞机上用普通照相机拍摄了德国占领区的照片，给军事行动提供了确切的情报，使人们对航空摄影侦察刮目相看。此后不久，专用航空侦察照相机就研制成功了。它在第一次世界大战中大显身手，屡建奇功。英国空军平均每天要冲洗1000张照片；法军在战事紧张时，每晚显影、洗印照片多达1万张，为作战提供了重要的情报和信息；德军每隔两周对西部战线重新拍摄一遍，以获得最新的军事情报。

到了第一次世界大战末期，35％的飞机被用作执行空中侦察任务。在整个战争期间，仅德军就使用过2000多台航空侦察照相机。可见空中摄影侦察在现代战争中的重要作用了。

在第二次世界大战中，航空摄影技术更成熟了，在为战争服务方面取得了更为惊人的战绩。其中侦察发现德军V-2导弹布设的秘密，就是航空摄影侦察机所建的奇功之一。

那是在德军的一次军事首脑会议上，纳粹头目希特勒得意洋洋地宣布，半年之内德国将使用一种秘密武器，把英国首都夷为平地，迫使英国举手投降。

消息传到伦敦，全城上下人心惶惶，担心灾祸不知什么时候降临头上。当时英国首相丘吉尔闻讯后，立即下令，一定要查明希特勒秘密武器的情况。

这项重要任务落在航空摄影侦察机身上。它奉命起飞后，对德军占领的波罗的海沿岸和法国北部等地区反复进行航空摄影侦察，拍摄了大量的照片。从这些照片中终于找到了希特勒夸海口所说的秘密武器——V-2导弹试验中心，并发现大多数导弹的发射架确实是指向伦敦的。

为了免遭纳粹导弹的袭击，确保伦敦的安全，英国600多架重型轰炸机出动了，浩浩荡荡地向德国的V-2导弹基地进发。

满载着炸弹的轰炸机群不惜一切代价，勇猛攻击，炸弹像雨点般地

落向导弹基地，重创了希特勒的秘密武器，使德军企图毁灭伦敦的美梦成了泡影。

时间进入 1991 年的海湾战争，即使在这一高科技时代，航空侦察飞机仍然大显身手，战功卓著。在战争开始不久，伊拉克 3 架战斗机企图沿伊朗边境南下，偷袭在波斯湾的多国部队舰艇。但执行航空侦察任务的美军预警飞机，在这些飞机一起飞时就发现了，随即引导战斗机将其击落。美军先进的航空侦察技术，可以发现伊拉克掩蔽在沙堆中的坦克，识别机场跑道上用涂料伪装的弹坑。

侦察卫星出现以后，航空侦察机仍在继续发展。20 世纪 80 年代初，有的国家在研究高空高速侦察机。光学、电视、红外线、激光等机载侦察设备的性能将不断提高，情报传输系统和处理系统将进一步改进。今后，可能出现具有较强自卫能力的武装侦察机，无人驾驶侦察机也将得到更广泛的应用。

62 技能不凡

——无人驾驶飞机

1991 年的海湾战争爆发后的 2 月 4 日凌晨，美国海军"密苏里号"战列舰秘密地驶到近岸阵位。然后，从它的甲板上悄然飞起一架无人驾驶侦察机。这架灵巧的"先锋号"无人驾驶飞机，躲过伊拉克军队的雷达，随即爬升到 4000 米高空，并利用机上的红外线侦察仪拍摄了地面目标图像，立即传送到指挥中心。

几分钟后，"密苏里号"舰上的 406 毫米巨型舰炮接收到指挥中心发出的射击数据，立即向岸上敌军发动突然袭击，彻底破坏了伊军的火

炮阵地、对空雷达网和指挥通信枢纽等，并在无人驾驶飞机的指引下，舰炮还击毁了伊军停在沙特阿拉伯沿岸准备偷袭的小艇和许多掩体。

在海湾战争期间，"先锋号"无人驾驶飞机圆满地完成了战场警戒、目标搜索、海上拦截等任务，还识别了敌方300多艘舰船和许多高炮阵地，探测了伊军主力部队的行动方向，以及两个反舰导弹的发射场。由此可见，无人驾驶侦察机是位本领高强的侦察能手。

无人驾驶飞机虽然在1903年发明飞机后十多年就诞生了，但长期以来发展缓慢。第二次世界大战前，这种飞机主要用作靶机。

20世纪50年代以来，随着科学技术的发展，无人驾驶飞机在战术技术上有了新的突破。美国在1962年的古巴危机中首次使用无人驾驶侦察机进行侦察。后来在越南战争中，无人驾驶侦察机又发挥了重要作用。

到了20世纪90年代，以先进电子设备装备起来的无人驾驶机，已成为现代战场上一种高性能的武器装备。尤其是无人驾驶侦察机，发展得更快，出现了许多新型无人驾驶侦察机。例如，装有普通电视摄像机或微光电视摄像机和红外传感器的无人驾驶侦察机可以进行光电侦察；装有毫米波雷达的无人驾驶侦察机可以进行光电侦察；装有激光照射器、电视摄像机和导航设备的无人驾驶侦察机可以进行目标指示和定位等。

无人驾驶飞机还可以作为攻击性武器使用。美国在20世纪70年代研制的BGM-34A型无人驾驶飞机，可挂载"百舌鸟"式反雷达导弹、光电制导的"幼畜"导弹和制导炸弹等，直接参与作战。而美国波音公司研制的"勇敢者"无人驾驶飞机，可运送武器、施行电子干扰和对敌监视等。

"勇敢者"无人驾驶飞机的结构简单，机体完全由塑料和合成材料制成，轻巧而耐腐蚀，便于长期维护使用。这种飞机在执行飞行任务前，预先编好程序输入磁带。在飞机发射起飞之前，将磁带储存在飞机上，用来控制飞机的飞行。"勇敢者"无人驾驶飞机的翼展2.6米，机

长 2.1 米，机高 0.6 米。

目前，无人驾驶飞机既可用于照相侦察，又可用于电子侦察和干扰；既用作实施电子战的软武器，又用作实施火力摧毁的硬武器。此外，它还可以作为覆盖范围广的中继通信平台。

无人驾驶飞机确实技艺不凡，它可以飞临敌方严密设防地区或核生化污染区的上空进行侦察，也可以深入敌后进行侦察。这样，使用较低灵敏度的侦察接收机，付出较小的代价，就可以获得价值较大的信息。

63　空中奇兵

——武装直升机

直升机用于军事上，一般都叫做武装直升机。早期的武装直升机主要用来运输货物、侦察敌情和救护联络等，后来在直升机上配备了枪、炮、鱼雷和导弹后，它才成为名副其实的武装直升机。

武装直升机在第二次世界大战之初就被搬上军舰作战，当时主要用直升机承担海上侦察任务。后来，由于纳粹德国的潜艇猖狂出击，使同盟国舰船损失惨重，各国海军便使用装载吊放式声纳和鱼雷的武装直升机来侦察和击毁德国潜艇，取得了很大的战果。于是，在第二次世界大战结束后，各国都把武装直升机作为反潜的主要手段。

武装直升机还是伏击坦克的能手。它打坦克的本领可大啦，你看它时而在空中盘旋，时而悬停在空中，时而又像蜻蜓点水似的向地面俯冲，居高临下，

武装直升机

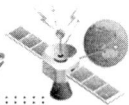

视界开阔，把敌坦克的活动看得清清楚楚。它可以事先躲在掩体内，等到敌方坦克靠近时，出其不意地直飞起来，向坦克发动进攻；或者隐藏在树丛、山后，一旦发现目标，突然垂直起飞，像鹰追兔子那样冲向坦克。

在 1973 年的中东战场上，用武装直升机发射"幼畜"式电视制导反坦克导弹，曾击毁了不少坦克。国外还进行过这样的实战演习：在"眼镜蛇"武装直升机上装上"陶"式反坦克导弹，让它和坦克比武，比赛结果是 1∶10。这就是说，武装直升机只损失 1 架，而坦克就被击毁了 10 辆。

现代武装直升机的飞行速度已达每小时三四百千米。不仅如此，它还飞得又高又远。现在它的最大飞行高度为 10 多千米，而最大航程是 3000 多千米。另外，它还是一个大力士，运载量最大可达 40 多吨。

武装直升机的本领高强，与它独特的形状和结构是分不开的。它头顶上像几把大刀似的螺旋桨，转起来好似一把大伞，通常叫做旋翼。它就凭着这些大刀片在空中旋转来直升直降，或者悬停，或者作任意方向飞行。

武装直升机的旋翼在空中快速旋转以后，就会产生向上的升力。这是因为螺旋桨在转动时将空气向下压（这一点，很多人夏天坐在旋转的电风扇下面是会感觉到的），结果空气就将直升机托浮起来。如果飞行员加大发动机油门，旋翼就转得快些，升力就大。若升力大于直升机的重量，直升机就能垂直起飞；若旋翼转得慢些，当升力和直升机的重量近似相等时，直升机就会悬停在空中不动；若旋翼再转动得慢些，使产生的升力小于飞机的重量，直升机就会凭着自身重量徐徐降落。

直升机的尾巴上还有个螺旋桨，叫做尾桨。它的作用和船上的舵一样，能使直升机向左、右转弯。由于直升机的旋翼很大，为了防止它与尾桨相碰，就将尾桨向后移，于是直升机就出现了个长长的蜻蜓尾巴。

武装直升机的肚子挺大，样子像个大蝈蝈。这是为了好在它的肚子里装载坦克、火炮等大型武器。现在多用它运送部队和武器装备到敌人

后方，进行突然袭击，出奇制胜。另外，它还能用来吊挂大炮等重型武器到敌人防御薄弱的地方，进行神出鬼没的炮兵游击战。

目前，代表现代科学技术成就的电脑、自动驾驶仪、雷达导航仪和先进的武器装备等都已登上武装直升机，使它操作起来更加方便灵活，战斗力更强了，成为现代战场上的空中奇兵。

64 引敌诱饵

——遥控飞行器

1982年的中东战争，交战双方是以色列和叙利亚。叙利亚的"萨姆-6"导弹基地部署在黎巴嫩贝卡谷地，基地指挥中心正密切注视着以色列飞机可能来袭的方向。突然，传来飞机的响声。啊，那是以色列的飞机飞来了，叙利亚的指挥官立即下令："雷达开机！"

雷达是"萨姆-6"导弹的眼睛，只要它的眼睛一睁开，再狡猾的敌机也休想脱逃。

可是，这次以色列派来的飞机，实际上是由无线电遥控的、无人驾驶的"诱饵"飞机，但是叙利亚不知道，果然向这些飞机发出一枚枚"萨姆-6"导弹，虽然战火猛烈，但并无实效。

以色列派遣遥控飞行器飞到叙利亚的"萨姆-6"导弹基地来干什么呢？原来真实的目的是诱使叙利亚的雷达开机。正在此时，在距贝卡山谷很远的地中海上空，几架以色列的E-2C"鹰眼"预警飞机正在接收叙利亚雷达的无线电电波频率和导弹指令发射频率等秘密信号，并迅速将结果通知已在空中的以色列战斗机。于是，这些携带着反雷达导弹和高爆炸弹的飞机，向着"萨姆-6"导弹基地飞去。

　　当叙利亚"萨姆-6"导弹基地发现中了计，急忙关闭雷达时，一切都晚了。以色列空军已经掌握了他们需要的目标信号和数据，用带有记忆装置的哈姆反雷达导弹准确地袭击了"萨姆-6"导弹的雷达，接着又用炸弹轰炸了导弹基地。仅用6分钟，就将叙利亚的19个"萨姆-6"导弹基地200多枚导弹全部摧毁。

　　以色列在这次战斗中使用的遥控飞行器叫"侦察兵"遥控飞行器，是一种监视侦察用的无人驾驶飞机。它小巧玲珑，机身长和翼展都仅有3米多，重50多千克，外形像一只大蜻蜓，可飞至3000米的高空进行侦察和拍摄照片，连续飞行可达4小时。

　　"侦察兵"遥控飞行器的机身由能吸收雷达波的复合材料和铝材制成，因而不怕对方雷达的搜索。它的机身下面还装着电视摄像机和照相机。整个遥控飞行器由地面控制站、起飞弹射器、飞行器和降

"侦察兵"遥控飞行器

落回收网四部分组成。平时，这四部分可以装在汽车上运走。

　　"侦察兵"遥控飞行器起飞时，不像一般飞机那样在跑道上滑行，而是用一种车载的起飞弹射器弹射出去。这种弹射器所用的动力是压缩空气。飞行器被弹射到空中以后，依靠双缸发动机推动螺旋桨来飞行。飞行器降落是用回收网进行回收的。

　　在未来的战争中，很有可能全面采用遥控飞机或无人驾驶飞机进行空战，甚至会出现有一定智能的无人驾驶飞机，它能识别目标并及时跟踪追击，而且还能根据目标的变化确定对付的办法等。

65 空中指挥

——预警飞机

在 1982 年的中东战争中，以色列与叙利亚双方曾经发生了一次大规模的现代化机群大空战。以色列出阵的是由美制预警飞机指挥的多种战斗机群 90 架，而迎战的一方叙利亚派出的是以"米格-21"等战斗机组成的机群 60 架。天空中共有 150 架飞机在空战，场面十分壮观。

谁知叙利亚的战斗机升空后，机上的各种电子仪器纷纷受到干扰而失灵，变成了"瞎子"和"聋子"，只能凭眼睛搜索敌机。然而以色列的机群外表都涂成了灰蓝色，与天空色彩相一致，肉眼很难发现，也难以准确定位，所以，这次由 150 架战斗机在空中展开的一场激战，虽然场面十分壮观，而结果却以叙利亚被击落 30 架战斗机，而以色列却无一架飞机伤亡而结束。

第二天，空战再次爆发，叙利亚出动了 50 架战斗机，战斗结果，50 架战斗机竟全被击落，而以色列的战斗机依旧无一损伤，安然返航。

这样胜败如此悬殊的空战结果，使得世界各国为之瞠目！

为什么在空战中叙利亚飞机会如此惨败，而以色列空军却处于这种绝对优势地位呢？原来是在以色列空军机群中，有美国制造的"鹰眼"预警飞机 E-2C 指挥和控制的结果。在举行空战之前，以色列就派出了两架"鹰眼"预警飞机 E-2C 飞到叙利亚上空，当叙利亚的战斗机群升空迎战时，预警飞机只在十几秒钟的时间内，就通过电子计算机将叙利亚机群的距离、航速、航向、高度等数据计算出来，报告给以色列机群，使之对攻击叙利亚的战斗机有明确的目标。而叙利亚的战斗机则因

为雷达频率被 E-2C 预警飞机窃取，立即
受到对方电子干扰机的干扰而一筹莫展，
白白挨打，遭到惨败。

预警飞机

从外表上看，预警飞机和普通飞机
并无多大差别，只是机身上多了一个蘑
菇状的大圆盘。这个大圆盘实际上就是特制的天线罩，它的直径有 7 米
多，飞机上的搜索雷达和敌我识别器的天线就安装在这里面。

大圆盘每分钟能绕轴旋转 6 圈，可以进行 360°的各个方向的扫描搜
索，能快速地发现在山区、平原和海洋上空做低空飞行的各种活动目
标，还能看到地面的坦克、卡车、雷达和导弹基地，甚至能看到潜水艇
的通气管和潜望镜，它还可以和在太空里飞行的人造地球卫星联系。

预警飞机可在高达 10 多千米的空中飞行，巡航速度达每小时 700
多千米，续航时间为 12 小时左右。它在飞行时载运两个乘员组，每组
10 多个人，轮流值班。可以承担战略防御和战术指挥双重任务。

由于它站在高空中，看得又远，所以它指挥的范围就大。对高空目
标，它探测的距离是 500～600 千米，最远可达 900 多千米；对低空目
标，为 300～400 千米。它还能同时发现 300 个机载或地面雷达，准确
地测定它们的方位，指挥无人驾驶飞机进行电子干扰，或者指挥反雷达
导弹摧毁敌方雷达阵地。它上面装的电子侦察设备，能同时跟踪和识别
250 个目标，并能很快地计算出其中的 15 个目标的各种参数，引导自
己一方的飞机对目标进行攻击。这种预警飞机能看到的范围，最大可达
50 多万平方千米。对于这么大的地盘来说，如果采用普通雷达来探测
警戒，大约需要 30 部，而且使用不便。

在 1982 年那场叙利亚和以色列的激烈空战中，以色列使用美国的
E-2C "鹰眼" 预警飞机，成功地获取了叙利亚作战飞机的各种数据，
如叙利亚机场、导弹发射地情况、制导雷达频率等等，并指挥 "波音
707" 电子干扰机进行电子干扰。结果在第一、第二天的空战中，以色
列的战斗机就击落叙利亚的 80 架飞机，而以色列未损失一架飞机。由

此可见，预警飞机是现代战争中理想的空中指挥所。

66 两栖飞机

——地效飞行器

1932 年 5 月，德国的一架巨型水上飞机"多克斯号"在飞越波浪翻滚的北海上空时，飞机的几台发动机突然熄火停车，飞机像断了线的风筝急剧下降，眼看就要掉入大海。然而，在这紧要关头，却出现了意想不到的奇迹：当飞机跌落到距海面 10 米左右时，便不再往下跌，竟稳定地保持在这个高度继续滑行。

这到底是怎么一回事呢？人们经过研究发现：当飞机在贴近海面或地面飞行时，流经飞机下表面的空气为海面或地面所阻，流速减慢，空气压力增大；而流经飞机上表面的空气流速加快，压力减小。结果，在飞机的上下表面出现压力差，产生向上的升力托着飞机不下沉。这种神奇的升力是海面或地面效应产生作用的结果。

芬兰人卡里奥受到这种地效原理的启发，最先研制成功了一架小型载人地效飞行器。最初，这架飞行器用汽车牵引，后来又改装成用一台 11.76 千瓦的发动机来驱动。

地效飞行器也叫做气垫飞行器。它既能贴近地面飞行，又能紧贴海面飞行，所以是一种两栖飞行器。由于这种飞行器能轻而易举地飞越一般地面交通工具难以逾越的沙漠、沼泽、江河、雪地和冰川等，在海上、陆地均可起降、飞行，而且不易被敌方雷达和红外探测器发现，因而在军事上有着广阔的应用前景。

第二次世界大战前后，地效飞行器由于一些技术难题（如纵向稳定

性等技术）没有得到很
好解决，因而进展缓慢。
20世纪60年代初，随着
科学技术的发展，地效
飞行器又开始被各国重
视起来，各种各样的地
效飞行器相继问世。如

苏联的"乌特卡"地效飞行器

苏联研制的"乌特卡"地效飞行器，可身背6枚SS-N-22反舰导弹，成
为一种航程大、不易被探测，而且可作近距离攻击的有力武器。

从发展来看，地效飞行器不仅是登陆作战的有效工具，而且将填补
普通水上飞机和低速舰船之间的空缺，成为一种最有前途的运载武器。

"维兰"地效飞机

双机身式地效飞机

"哥伦比亚号"地效飞机

"河上快车"地效飞机

1963年，美国生产了一种双机身的
串翼式"维兰"地效飞机，可在1.2米
高的水面飞行。随后，美国又生产出
"哥伦比亚号"和"加林顿号"地效飞
机，也具有贴近地面和水面飞行的本领。

"里海怪物"地效飞机

在这一时期，苏联还研制成一种双机身的"河上快车"地效飞机，后来还制成"里海怪物"地效飞机。德国地效飞行器爱好者利比希，先后研制成 X-112、X-113 和 X-114 等多种地效飞机，证明这种飞行器具有低飞的本领，而且飞行是稳定的。

67   灵巧炸弹

——激光制导炸弹

1972 年 5 月，美国在侵越战争中首次使用激光制导炸弹，将曾经使用过多种炸弹和导弹都未摧毁的、设防严密而又很坚固的清化大桥炸毁了。激光制导炸弹在战场上第一次使用，就显示了普通炸弹无法比拟的破坏威力，而且击中目标很准确。它能把炸弹投向目标的偏差从普通炸弹的 250 米左右减少到 3～4 米，大大降低了炸弹的消耗，减少了飞机出击次数。而且，这种武器特别适用于攻击那些设防严密、用普通炸弹难以对付的目标，如桥梁、仓库、火炮阵地等，因而获得了"灵巧炸弹"的美名。

1991 年的海湾战争中，美国发射的激光制导炸弹命中率高达 90% 以上，有的甚至能从楼房顶部的通气道钻入，摧毁其内部结构和杀伤人员。连续投放时，后一枚炸弹能准确飞入前一枚炸弹炸开的缺口中，摧毁坚固的地下掩体。有一次，美军出动 2 架 F-15E 战斗机，每架携带 8 枚激光制导炸弹，在 30 分钟内就击毁了伊拉克的 16 辆坦克，平均每枚炸弹击毁 1 辆坦克。

激光制导炸弹之所以神通广大，打得那样准，是因为它有着特殊的结构。这种炸弹是由普通炸弹改装而成，整个炸弹分为三大部分，前段

美国 MK84 激光制导炸弹

是包括激光导引头在内的计算控制和制导段；中段为弹体；后段为弹尾，由 4 片很大的弹翼构成，以增加升力，并延长炸弹的航程。它是依靠照射目标而反射回来的激光进行末端制导的，因此需要配备激光目标指示器，用来不间断地向目标发射脉冲激光。激光制导炸弹投下后，开始是自由下落，当导引头接收到从目标反射回来的激光能量时，由透镜聚焦到探测器上形成误差信号，而误差信号经过处理变成控制信号，输送给执行机构控制舵面转动，控制炸弹沿着目标的方向飞去，从而精确击中目标。

激光制导炸弹上的激光导引头，实际上就是一个激光接收器，专门用来接收由目标反射回来的激光信号，使导引头始终对准目标，以保证炸弹击中目标。在海湾战争中，美国使用了 900 千克级的激光制导炸弹，准确地击中了伊拉克的防空工事等目标，被人们称为"长眼睛的炸弹"。

68   神秘武器

——燃料空气炸弹

一般的炸弹主要是用爆炸后产生的碎片起杀伤作用。可是，20 世

纪 70 年代以来，出现了一种神秘而特殊的炸弹，它的碎片很少，但杀伤威力却很大，而且杀伤人员不留伤痕，也不流血，还能引爆地雷，掀起巨大的气浪。这到底是一种什么样的炸弹呢？

1973 年，美国在越南战场上投下了一种新型炸弹。在一片清脆的爆炸声中，只见每个炸弹在降落过程中，肚子里又飞出了 3 个各带降落伞的小炸弹。这些小炸弹像个圆柱形的啤酒桶，下面伸出一根长铁杆，系在降落伞上飘飘忽忽地往下降落。随后，接连发出天崩地裂般的巨大爆炸声，云雾弥漫，地面上火光闪闪，房倒屋塌。

后来，人们在现场看到，所有的建筑物都被摧毁了，成了一片废墟，人员伤亡惨重。但是，令人惊奇的是，死者的尸体都很完整，没有弹片的杀伤痕迹，而嘴巴却张得很大。那些死在工事内的士兵，都把自己的喉咙抓破了，像是喘不过气来。人们很纳闷，这究竟是何种神秘武器在施展淫威呢？

投放后的燃料空气炸弹

原来，这是美国新研制的一种炸弹。它里面装的不是普通的固体炸药，而是一种易燃、易爆而且沸点又很低的环氧乙烷液体炸药。这种液体很容易挥发到空中，与空气相遇形成一种云雾，遇火就会发生爆炸。

这种炸弹叫做"燃料空气炸药炸弹"，或者叫做"燃料空气炸弹"。又由于它是呈云雾状发生爆炸的，所以也叫做"云爆体"或者"油气炸弹"。

这种炸弹爆炸时，产生一股巨大的气浪，能迅速摧毁建筑物，因此人们又将它称作"气浪炸弹"。

这种炸弹是利用空气中的氧作为氧化剂来进行爆炸的，因此它爆炸后在爆炸点周围地点将会发生长达三四分钟的暂时性的缺氧现象。这样，在爆炸点周围的人由于缺氧，感到憋气难受，往往会抓破喉咙挣

扎，最后窒息而死。因此，人们又称它为"窒息弹"或"真空弹"。

这种炸弹爆炸后产生的云雾密度比空气大，所以它能像水一样由高向低流。用它来炸毁地下工事、导弹发射井、坑道、山洞等军事设施是最合适的。

燃料空气炸弹还有一个显著特点，这就是它爆炸时产生的冲击波压力比平时的大气压力超出几十倍到上百倍，即平常所说的"超压"。用这种超压来引爆雷区的地雷是很有效的。一个小的燃料空气炸弹爆炸时所产生的超压，就能将直径为 30 米的区域内的地雷全部清除掉。

更为引人注目的是，在现代战争中还能用它来拦截敌方的洲际导弹，因为用它可在敌方导弹经过的路途上设置一道道巨大的云雾屏障，将敌方导弹摧毁于空中。

燃料空气炸弹是一种子母炸弹。母弹的形状像氧气瓶，尾部有 4 个尾翼片。在母弹内装有 3 个子弹。子弹上有触杆或传感器探杆。当触杆或探杆一碰到目标或地面，子弹就会发生爆炸。

燃料空气炸弹

69　再显威力

——防空阻拦气球

1942 年的第二次世界大战期间，纳粹德国头目希特勒一直打算通过闪电战空袭，攻进苏联的首都莫斯科。然而在斯大林的指挥下，莫斯科防空部队组织了 5 个高射炮团、2 个高射机枪团、3 个探照灯团，特别是，还有 2 个防空气球团，进行了严密有效的反空袭。

　　结果，纳粹德国动用了 1300 架飞机对苏联首都莫斯科进行了 142 次空袭，而莫斯科的防空方面军击退和粉碎了敌机的大规模袭击，并击落德国飞机 258 架，使德国不得不放弃空袭莫斯科的企图。

　　在这场莫斯科保卫战中，苏联防空军的战功卓著，特别是由防空气球组成的防空网大显身手，引起了军事家们的注意。

　　有人可能会说，小小的气球如何能阻拦住飞机的空袭和俯冲呢？这可是对防空气球的一种误解，没有看到它的"真面目"。

　　防空阻拦气球，实际上是一种系留在空中的军用气球。通常用橡胶或尼龙膜制成，外加薄金属保护板。气球与气球间用高强度合金钢制成的钢索（钢丝绳）或铁链相连。当敌机低空偷袭和俯冲轰炸时，就会撞上钢索或铁链，飞机不是被撞碎，就是被钢索缠住而坠毁，而阻拦气球安然无恙。由于阻拦气球是由许多小气球组成的囊状气球，所以即使气球被炮火击中也只是部分受损，总升空力基本保持不变，因此它如同一张防空网，阻拦了敌机的侵入。但是在第二次世界大战后，由于飞机速度不断提高和高空轰炸机的出现，防空阻拦气球失去了作用，渐渐销声匿迹了。

　　随着军用飞机的发展和巡航导弹的出现，防空气球又有用武之地

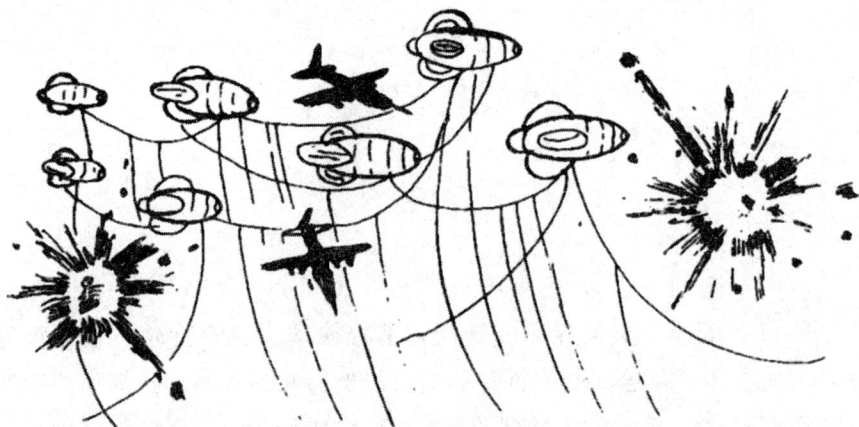

似若天网的防空阻拦气球

了。这是因为，为了避开雷达的监视，现在空袭中出现了超低空轰炸或偷袭，这样的飞机多从 50 米左右的高度飞来，一般不易被雷达发现，而且因为高度低，防空导弹也难以施展威力。特别是巡航导弹，飞行高度也只有 50 米左右，利用火网进行拦阻实在太浪费，而且会造成伤亡和损失。在这种情况下，防空阻拦气球就可以发挥作用了。

在战略核导弹基地、大城市、交通枢纽及军港，利用防空阻拦气球作为防空系统的补充，尤其是对火力死角来说是最合适的防御手段。而且，防空阻拦气球的造价相对来说比较便宜，构成一个高 500 米、宽 10 千米的防空阻拦气球网，仅需几十万美元，相当于几枚防空导弹的造价。

70 似鱼如雷

——鱼雷的发明

人们为了有效地消灭敌人的舰船，想了许多办法。早期比较有效的是，将炸药送到敌舰船附近，引爆炸药进行炸毁。而"撑杆雷"可说是这种办法的具体代表。

撑杆雷是将炸药固定在长杆的一端，置于水下，而长杆的另一端装在用蒸汽机作动力的小舰首部。作战时，小舰冲向敌舰，用撑杆雷去攻击敌舰船水下部分，然后引爆炸药。

与此同时，还出现了一种拖带雷，它是把浮在水里的炸药包用绳索拖在小船的后面，当小船绕着敌舰船航行时，利用水流力量将炸药包推向敌舰船，并使两者碰撞，从而引起炸药包爆炸。

到了 19 世纪后期，随着舰船的装备和速度的改进、提高、发展，

再利用炸药包去攻击敌舰船就比较困难了。于是,人们又另想高招,希望有能在水中自动推进、主动去攻击敌舰船的水中武器。

1864年,奥匈帝国海军护卫艇艇长陆皮乌斯,总结了海上训练中使用水中武器

用撑杆雷攻击敌舰船

的经验,与其同事们进行了长期的实验研究,大胆地将发动机装到炸药包上,制成了一种能在水下自动推进的武器。

这种武器之所以能自动推进,是利用高压容器中的压缩空气,进入发动机汽缸推动活塞,带动螺旋桨工作,使炸药包自动前进。但是,经过多次试验,由于这种武器存在着航速低、航程短、控制不灵和装炸药量少等缺点,因而没有投入使用。参加这项研制工作的奥匈帝国英籍工程师罗伯特·怀特海德看到了这种新型武器的发展前景,就在原来的基础上加以改进。1868年,他成功地制成了世界上第一枚利用压缩空气推动雷上的螺旋桨,使之能在水下自动推进的武器。由于它的外形像鱼,爆炸声又似雷鸣,所以叫做鱼雷。因为它的发明者怀特海德的名字原意为白头,所以人们又把这枚鱼雷叫做"白头氏"鱼雷。

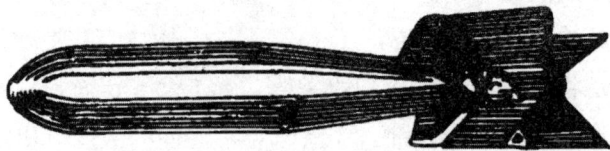

世界上第一枚鱼雷

"白头氏"鱼雷是现代鱼雷的雏形，它已具备了现代鱼雷的主要特征：有像鱼一样的雷体外形，有装有炸药的战斗部，有深度控制系统，有利用压缩空气作为能源的动力系统以及带有6叶螺旋桨的推进装置等。它的直径为356毫米，长4.62米，全重135.4千克，航速6.7节（12.5千米/时），航程213米，装药8.2千克。

"白头氏"鱼雷后来成为各国发展鱼雷的基础。

第二次世界大战后，鱼雷发展很快，出现了各种各样的现代鱼雷。以动力区分，有蒸汽瓦斯鱼雷、电动鱼雷、喷射鱼雷和会飞的火箭助飞鱼雷。以制导方法区分，有自控鱼雷、自导鱼雷和线导鱼雷等。可以预料，鱼雷武器在今后必将日益完善，从而在现代海战中发挥更大的作用。

71 水中导弹

——鱼雷的应用与发展

第二次世界大战中，苏联一艘潜艇发现德军在新罗西斯克港的防波堤后面，修筑了迫击炮和大口径机枪阵地。苏军要在这个港口登陆，必然会遇到迫击炮和大口径机枪的猛烈反击。然而，舰上的炮火打不到它；用飞机去轰炸，敌人地面防空力量又很强，危险性大。因此，摧毁这个迫击炮阵地就成了一道难题。

苏联军队多次召开作战会议，来研究解开这个难题的办法。有位舰长贸然提出：用鱼雷去对付迫击炮。与会的人一听，都哈哈大笑起来，感到太荒唐。这是因为，鱼雷是水中兵器，而迫击炮是陆上兵器，两者风马牛不相及。

可是，这位舰长坚持说：在一次演习中，他的军舰发射的一枚鱼雷从海面冲到沙滩上，并向前滑行了 20 多米，这说明鱼雷是能"登陆作战"的。

在没有更好解决办法的情况下，苏军指挥员便下令成立专门小组，研究"鱼雷登陆作战"的难题。当时最大的困难是如何防止鱼雷碰撞防波堤后爆炸，不然很难击毁防波堤后的迫击炮阵地。

苏军的兵器专家和军械人员绞尽脑汁，研制成一种引爆鱼雷的惯性引信，使鱼雷飞过防波堤后再爆炸。他们改装的鱼雷经过实弹试射，结果令人满意，鱼雷"登陆"成功了。

攻打新罗西斯克港的战斗打响后，苏军的一个中队的鱼雷艇，向防波堤方向发射了数十枚鱼雷。这些鱼雷冲上水面，越过防波堤后爆炸，把德军迫击炮阵地炸成"哑巴"，使苏军很快占领了这个港口。

这个故事说明，鱼雷还有着"兼职"本领，能完成本职以外的战斗任务。

鱼雷是一种很厉害的水中兵器，专门用来攻击敌方的舰艇，被人们称为"水中导弹"，并得到了实战应用。

20 世纪初，出现了用压缩空气、蒸汽和瓦斯（即煤气）混合气体作动力的蒸汽瓦斯鱼雷。它的行驶速度可达 30 多节（约 56 千米/时），航程达 8000 米，均比单用压缩空气作动力的鱼雷提高了好多倍。

蒸汽瓦斯鱼雷入水后，由于从雷尾向水中排出大量不溶于水的废气，在鱼雷后面形成一条明显的航迹，好像拖了个长尾巴似的。

鱼雷有了这条长尾巴后，敌方舰艇一看就知道鱼雷袭来了，于是就想法躲开，使鱼雷扑空，而且还能"跟踪追迹"，由这条尾巴找到发射鱼雷的潜艇，然后用深水炸弹将潜艇炸毁。因此，在第一次世界大战后人们想割掉这条尾巴，研制没有航迹的鱼雷。

20 世纪 30 年代末期，德

电动鱼雷

国首先研制成不产生航迹的电动鱼雷。这种鱼雷里面装有电池和直流电动机。这是一种特殊电动机，其定子和转子能同时反向旋转，因而能带动鱼雷尾部的前后螺旋桨作相反方向旋转，推动鱼雷前进。

电动鱼雷割掉尾巴是一个进步，然而它携带的电池容量有限，鱼雷的航速仅为30节左右（约56千米/时），航程一般不超过1万米。后来，随着大容量的银锌蓄电池和银镁海水电池的出现，使电动鱼雷的航速和航程都得到较大的提高。因此，它已在潜艇、水面舰艇和飞机上广泛使用。

到了20世纪40年代，鱼雷航速又提高到40多节（约75千米/时），航程已超过1万米。但由于这时的鱼雷没有控制航向和深度的装置，所以难以准确地击中目标。后来，人们发明了自动探测深度的定深和控制航向的陀螺仪后，使鱼雷能按照事先定好的深度和方向航行，结果命中率得到大幅度提高。

第二次世界大战末期，能自动追击目标的自导鱼雷便问世了。它是给鱼雷装上能收听信号的"耳朵"——接收器，使鱼雷能顺着声音寻找并跟踪目标，直到将目标击毁。

自导鱼雷之所以采用声响进行制导，是因为声音在水中比光、热、磁等传播的距离远，而且只要舰艇在水中航行，螺旋桨不停地击水，就会产生供鱼雷"耳朵"接收的声响。

目前，用于反潜（艇）的自导鱼雷，在雷头上装置了由几十个接收器组成的"耳朵群"，因而鱼雷的自导距离和导向精确度都大大提高了，使它成为一种强有力的反潜武器。

为了提高鱼雷的作战能力，人们将自导鱼雷与火箭助推器结合起来，组成了一种能在空中飞行的火箭助飞鱼雷。

这种鱼雷发射时，先点燃助飞火箭，鱼雷便在空中高速飞行。当飞行到一定距离时，火箭助推器便和鱼雷分开，鱼雷靠惯性继续前进。鱼雷到达目标上空一定高度时，降落伞打开，以减慢鱼雷入水速度。鱼雷入水时，降落伞在水的冲击下从鱼雷上脱落，鱼雷在本身发动机作用下

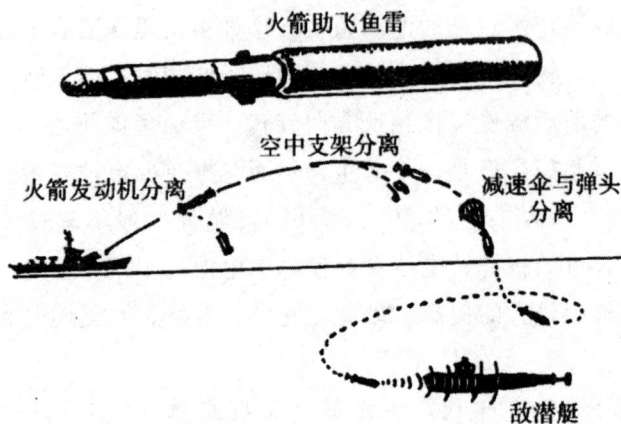

火箭助飞鱼雷攻击目标过程

向前航行，并自动搜索和追踪目标。这种会飞的鱼雷主要作为水面舰艇的反潜武器。

20 世纪 80 年代初，又出现了一种线导鱼雷。它实际上和第一、第二代反坦克导弹相似，都拖着一条长长的尾巴。鱼雷发射后，发射人员通过这根导线向鱼雷传递信号，以调整鱼雷的航向，一直把鱼雷送到目标附近时，再由鱼雷自导追向目标。

72　海战猎鹰

——鱼雷艇

鱼雷在 1868 年问世后，挪威海军于 1873 年订购了一艘由英国建造的"恶棍号"鱼雷艇，排水量 16 吨，航速 15.6 节（29.1 千米/时），以蒸汽机作动力，安装 1 具鱼雷发射管。这是有史记载的世界上第一艘鱼

雷艇。

早期的鱼雷艇只是装甲舰（即战列舰前身）和巡洋舰携带的一种小型快艇。这种鱼雷艇的排水量一般仅有9～12吨，平时只用来进行单艇鱼雷射击训练和攻击演习；作战时，风浪不能超过三级，

世界上第一艘鱼雷艇

还得趁黑夜才能去攻击敌方的军舰。由于它的航速低，适航性差，所以只能跟随大军舰出去作战，而且不能离军舰过远。

到1905年，日本和俄国在对马海峡展开的一场海战中，鱼雷艇便大展雄风。日本舰队派出了37艘鱼雷艇和21艘驱逐舰袭击俄国舰队，并击沉了俄国"苏沃洛夫号"战列舰。随后，日军鱼雷艇又追击溃败中的俄国舰队，击沉2艘巡洋舰。此后，各国便对鱼雷艇重视起来，大力研制和建造，仅法国在1909年就建造了140艘鱼雷快艇。

第一次世界大战期间，由于各国对鱼雷艇的看法不同，其制造方式也各种各样，鱼雷管的布设方式更是五花八门。例如，有的鱼雷艇是从艇首攻击敌舰的，而有的是从艇尾攻击敌舰的；有的鱼雷发射管是固定的，有的鱼雷发射管则是可旋转的，惟有意大利制造的鱼雷艇是从艇的两舷发射鱼雷的。经实战使用表明，意大利鱼雷艇的布设较为合适，因而后来为各国所效仿。

第二次世界大战期间，鱼雷艇的作战性能日益得到提高，在海战中得到广泛应用。据统计，当时参战国的鱼雷艇总数达1300多艘，而且鱼雷艇的性能较先进，如德国"S"级鱼雷艇，排水量达86吨，航速35～42节（66～78千米/时），装有2具鱼雷发射管和2门47毫米自动炮。

现代鱼雷艇分为大、小型两类。大型鱼雷艇排水量为60～100吨，少数达100吨以上，续航距离600～1000海里，能在恶劣的气象条件下

活动，其上通常配置 2～4 具鱼雷发射管，最多可配置 6 具鱼雷发射管，而且还可携带水雷，并配置高射武器和深水炸弹等。小型鱼雷艇的排水量在 60 吨以下，续航距离 300～600 海里，其航行性能差，只能在近岸或风浪小的海区活动，一般装设 2 具鱼雷发射管和 1～2 门小口径高射炮。

现代鱼雷艇多采用集群活动方式协同作战，即 3～4 艘鱼雷快艇对同一目标进行齐射，从而一举将敌舰船击毁。

随着现代观测技术和作战设备的迅速发展，鱼雷艇隐蔽出击作战的优势日益降低，加之鱼雷武器的命中率比导弹低得多，因而曾出现过淘汰鱼雷艇的设想。不过，有的军事专家认为，只要增强鱼雷艇的隐形本领和提高鱼雷的威力和命中率，鱼雷艇在未来海战中仍将占有一席之地。

目前，美国、英国等国在研制一种新型的鱼雷快艇，它具有像飞机一样的外壳，能吸收和分散敌方雷达射出的电磁波，从而使鱼雷快艇能隐蔽出击，出奇制胜。

73 深海巨鲨

——核潜艇

潜艇通常以柴油机和蓄电池做动力。潜艇在水下航行时实际上使用的是蓄电池，而柴油机只是用来给蓄电池充电的。但是，蓄电池储存的电能总是有限的，需要用柴油机经常充电。由于柴油机在工作时需要大量的空气，而且还要排出废气，这样潜艇就不得不浮出水面来充电。然而，潜艇一浮出水面就会暴露自己，遭到敌人的袭击。

另外，潜艇用蓄电池做动力，水下航行速度慢（约每小时 18 千米），航程也短（最远仅为几百海里）。在这种情况下，潜艇就不能适应现代化战争的需要，不能长期隐蔽在水下作战。

在第二次世界大战中，德国的潜艇因浮出水面充电而被击毁的约占潜艇总损失数的一半，可见潜艇用蓄电池做动力是它的一个致命的弱点。

为了克服这个缺点，人们很早就想把核反应堆搬到潜艇上，以提高潜艇的作战能力和增强潜艇自身的安全。

美国于 1946 年开始研制和试验核潜艇，经过多年的艰苦努力，终于在 1954 年建成了世界上第一艘核潜艇——"鹦鹉螺号"核潜艇。

这艘核潜艇一投入使用，就显出超群的本领。在 4 年多的航行中，航程共达 15 万海里，其中有 11 万海里是在水下航行的。然而，在这样长的时间内，一共才装过两次燃料。这表明，核潜艇能长期隐蔽在水下，神出鬼没地袭击敌方的舰船和潜艇。

1959 年，美国第一艘弹道导弹型核潜艇研制成功。接着到 20 世纪 70 年代初，美国第四代弹道导弹型核潜艇"三叉戟号"问世了，它被称为"当代潜艇之王"。这艘核潜艇的外形，类似一枚狭长的鱼雷，全长 170.7 米，艇宽 12.8 米，水下排水量 18700 吨，是"鹦鹉螺号"的 5 倍。

由于"三叉戟号"核潜艇采用可变速的电机推进，取消了噪音巨大的变速齿轮箱，因而具有高度的隐蔽性和机动性。另外，这艘核潜艇上还装有球形基阵的综合雷达，能同时向四面八方发出波束，大大提高了探测速度。

更引人注目的是，"三叉戟号"核潜艇上装备有发射假信号的"魔士"装置，一旦核潜艇遭猎潜武器的追击，受操纵的"魔士"就会离开核潜艇，高速穿行于水下，同时还不断地发出虚假的螺旋桨噪音，引诱开追踪的敌舰艇和反潜飞机，从而使核潜艇逃出被追击的险境。

核潜艇在水下能长时间航行，隐蔽性好，可突然对目标进行攻击，

加之航行速度比普通潜艇快一倍以上，因而能及时跟踪追击敌方潜艇。在核潜艇上装备弹道导弹和鱼雷后，它的攻击能力大大增强，不仅能在水下大显威风，进行反潜作战，而且能用来攻击敌方陆地上的战略目标，如交通枢纽、机场和工业中心等。

核潜艇的动力装置由核反应堆、蒸汽发生器、循环泵和汽轮机等组成。它的工作原理是，循环管路中的水经过反应堆时，吸收了由核燃料裂变反应所产生的高温热量，使水被加热而处于高温状态。在循环泵的作用下，高温水在蒸汽发生器中变成高温、高压的蒸汽，再用蒸汽推动汽轮机转动，进而带动潜艇上的螺旋桨旋转，使潜艇在水中前进。

核潜艇上的反应堆具有一定的放射性，因此在核潜艇上设有严密的防护装置。在核反应堆外面包有用特殊钢板或铅板等制成的防护层，通向反应堆的管道外面也装有防护装置。在潜艇上还设有防放射性辐射的监视报警系统。为了保证乘员安全和健康，艇上的空气、食品和淡水要定期进行检查和消毒。

核潜艇今后将向着高速度、大深度和低噪音，以及提高探测能力、自动化控制能力等方面发展，以适应现代战争的需要。

74　活动机场

——航空母舰

1903年12月，美国莱特兄弟发明飞机后，飞机很快就被用于军事上。然而，由于当时的飞机航程较短，只能在海岸附近飞行，还不能用于海战。

1918年，即第一次世界大战的后期，英国海军将一艘巡洋舰的前、

后甲板上的主炮塔拆除，铺上跑道，以甲板中部的上层建筑为界，舰首的跑道供飞机起飞用，舰尾的跑道供飞机降落用。这样，飞机既可在舰上起飞，又不影响另一架飞机同一时间降落。这就是最早出现的由旧军舰改装而成的航空母舰。它能装载20架飞机。在同年7月的对德国一个空军基地的空袭战斗中，初显了航空母舰的威力。

到1922年，美国海军部将一艘运煤船改装成美国第一艘航空母舰——"兰格利号"航空母舰。它的标准排水量11050吨，满载排水量14700吨，全长165.2米，宽19.8米，吃水5.5米，最高航速每小时27.8千米，续航力22236千米，可载机30多架。但由于这艘航空母舰毕竟是由运煤船改装而成，而且船头平展，模样不好看，人们给它起了个"帆布篷顶大马车"的外号。

就在同年底，日本制造了"凤翔号"航空母舰。这是世界上第一艘直接设计和制造的航空母舰。它的右舷装有3个小烟囱，烟囱上装有铰链。飞机起飞时，3个烟囱均可放倒。舰上火炮装备少，可载机26架。

航空母舰这个庞然大物开始在海战中出现时，命运并不佳。当时，人们不识它的"真面目"，认为它目标大，容易遭受袭击，而且又不能与敌舰进行炮战，因而受到冷落。

1940年日本以6艘航空母舰为首偷袭珍珠港，出奇制胜，获得赫赫战果，方才改变了人们对航空母舰的看法。直到这时，人们才认识到航空母舰和陆战中的坦克一样，已成为海上的活动碉堡和大武器库，有着令人惊奇的威力。

此后，一些国家出现了竞相制造航空母舰的热潮。到第二次世界大战结束时，世界各国共拥有各种航空母舰160多艘，其中65％是美国制造的。

航空母舰论个头在军舰里名列榜首。它的长度为200～300米，高度跟20多层楼房一样高。一些大型航空母舰的飞行甲板下面，还有近10层甲板；而飞行甲板上的舰桥也很高，足有七八层楼房那样高。整个舰上有1500多个舱室，其中最大的一个舱室是飞机库，可停放各种

飞机近百架。它航行的速度每小时可达 56～93 千米，与一般千吨以上的驱逐舰跑得一样快。

现代航空母舰，一般按排水量分为三类，即排水量 6 万吨以上的为大型，而小于 2 万吨的为小型，居于 2 万吨至 6 万吨的为中型。若以航空母舰担负的战斗任务不同，又可分为攻击型航空母舰、反潜航空母舰和泛用航空母舰。

攻击型航空母舰的排水量最大。它的甲板上停放有大批的攻击机和战斗机，可进行大规模的海、空战。它既攻击敌方的舰船，又能用飞机轰炸敌方的重要目标，攻击力强，活动范围大。

反潜航空母舰的主要任务是同敌方潜艇作战，但也可用来支援登陆部队作战，因为这种航空母舰上载有反潜飞机和垂直起落飞机。

泛用航空母舰兼有以上两种航空母舰的特点，这是因为它是在攻击型航空母舰上同时配备一批反潜直升机和一些反潜设备。这种航空母舰的独立作战能力很强。

通常，航空母舰上可停放各种作战飞机上百架，包括预警飞机和垂直起落飞机等。舰上还装有一些火炮和导弹发射架，专门与来袭的敌机、导弹和潜艇作战。另外，航空母舰上还可携带核武器。因此，它的攻击威力之大是其他任何舰艇都难以匹敌的。

航空母舰的主要缺点是目标大，容易爆炸起火。为了弥补这些不足之处，航空母舰今后将向着小型化方向发展。军事家们已考虑把气垫技术应用于航空母舰上，使它的航行速度提高到每小时 180 千米，这样就能大大缩短飞机的起飞和降落时的滑行距离。还有人大胆设想将它与潜艇结合起来，提高它的隐蔽能力，使它既能在海面作战，又能及时沉到水下攻击敌方目标。

75　海上铁拳

——导弹快艇

　　导弹艇虽说是舰艇家族里年轻而个头又小的成员，然而它的不凡本领却已名满天下。它可以携带 2～8 枚反舰导弹，甚至可装上核弹头，在海战中可以和巡洋舰、驱逐舰等大型战舰相对抗。

　　1967 年，位于中东的以色列和埃及正在交战，10 月 21 日那天，以色列的一艘驱逐舰"埃拉特号"耀武扬威地驶到埃及塞得港以北的海面进行挑衅性的海上巡逻。它自恃武器装备好，横冲直撞，不可一世。当时，天气晴朗，以色列驱逐舰认为埃及海军不敢出来应战，所以舰上大部分官兵都在甲板上消闲地谈笑风生，欣赏海景。17 时 30 分左右，天空中突然出现两枚导弹，并向以色列驱逐舰飞来。舰长感到情况不妙，立即拉响战斗警报，命令军舰全速前进，企图躲开飞来的导弹，并下令所有主炮（114 毫米火炮 4 门）和副炮（40 毫米火炮 6 门）向导弹射击，打算击落导弹。但事与愿违，所发射的炮弹全部落入海中，而敌方的导弹却越飞越近。大约经过了 70 秒钟，一枚导弹击中了舰上的锅炉舱，另一枚导弹命中了机舱。这时，"埃拉特号"舰体被重创起火，舰身倾斜，失去了航行能力，无线电通信也失去联系，驱逐舰陷入随波逐流的境地。可是，两个小时后第三枚导弹又咄咄逼人地向以色列驱逐舰飞来，击中了舰尾，海水随即从缺口中大量涌入舱内，舰体开始下沉。接着，第四枚导弹射来，虽然没有击中，但在以色列驱逐舰附近海面爆炸，掀起汹涌巨浪，将巨大的"埃拉特号"淹没在海水中。

　　这几枚神奇的导弹就是从埃及塞得港附近的苏联制造的"蚊子"级

导弹艇上发射的。这种导弹艇仅100多吨重，却击沉了2500吨的大型驱逐舰，创造了用小艇击沉大舰的奇迹，震动了世界海军界。这也是世界上第一次海上导弹战，在海战史上创造了奇迹。从此，导弹艇进入了一个大发展时期。

导弹艇又名导弹快艇，是在鱼雷艇的基础上发展起来的。它是20世纪50年代随着导弹的出世而诞生的，可算作现代舰艇大家族中较年轻的一员。

第二次世界大战后，射程远、命中率高的导弹武器出现了，人们便想将这种武器装备到舰艇上。当时，大多数军事专家建议将导弹加装到大、中型军舰上。他们认为，导弹装在小型舰艇上，由于艇体小，稳定性差，无法发挥导弹武器本身的作战性能。而苏联的军事家们则认为，导弹可以用在小型舰艇上，一旦试验成功，将会使海战方式发生根本性的变革。于是，在20世纪50年代末，苏联将P-6级鱼雷艇上的两具鱼雷发射管拆除，改成两枚"冥河"导弹，就成了世界上第一艘导弹艇——"蚊子"级导弹艇。后来正如上面所说的，在1967年的中东战争中，导弹艇大显身手，一举击沉了大军舰，引起了人们的注意。

导弹艇按排水量大小，通常分为大、中、小三种类型。大型导弹艇排水量在200～600吨之间，长50～60米，宽10多米，高2米；中型导弹艇排水量为100～200吨，长40～50米，宽7～8米，高2米；小型导弹艇排水量只有80吨，长20～30米，宽5～6米。导弹艇的航速一般为每小时30～40海里，快的可达50～60海里。

导弹艇上所装载的导弹的威力可与装有火炮的巡洋舰相对抗。由于导弹快艇体形小、排水量少、吃水浅、速度快、机动灵活和隐蔽性好，因而可以利用沿海岛屿、礁石、港湾甚至海上船只作掩护，隐蔽地对敌人的航空母舰、巡洋舰、驱逐舰、护卫舰等实施袭击。加之导弹快艇造价低廉，维护保养方便，即使被击沉，所受损失也较小，所以有人称它为"穷国"的"海上拳击手"。

导弹快艇今后主要向稳、快、准三个方面发展。所说的稳，是指提

高导弹艇的抗风能力和改善船型，以及加装防摇设备；快是提高航速，主要从加装"气垫"着手，从而可将航速提高到每小时 148～185 千米；准就是进一步提高导弹的进攻能力，增强其抗干扰的能力，增加导弹的爆炸威力。

76 水下"侦探"

——声纳

第一次世界大战期间，德国潜艇不仅经常神出鬼没地攻击协约国的各种军舰，而且还公然袭击公海上的邮船和商船。在整个战争期间，协约国有 4000 多艘军舰和商船被德国潜艇击沉。为此，英国、法国等协约国集中很大力量研究对付潜艇的办法和装备，不久就研制出一种噪声定向仪。噪声定向仪可以收听到潜艇在水下航行时螺旋桨发出的噪声，从而发现潜艇，并根据噪声最响的方向，测出潜艇所在的方位。有了这种仪器，水面舰船就能躲避潜艇的袭击，减少了损失。但是，这种仪器不能测出潜艇的距离，而且，如果潜艇躲在水下不动时，由于螺旋桨停止旋转，不发出噪音，仍然探测不到潜艇。

后来，法国又研制成一种仪器，叫做声波定位仪。它是根据声波在水中传播所用的时间和音调的高低来测出水下目标的距离和位置的。这种仪器就是我们平常所说的"声纳"。"声纳"是声波定位仪英文缩写形式 SO. AR 的译音。

声纳是用来探测潜艇的有力工具，即使潜艇藏在水下一声不响，它也能把这个神秘的不速之客探测出来。它由发射机、换能器、接收机、显示器、定时器和控制器等构成。探测目标时，先由发射机产生电信

号，经过换能器把电信号变成声信号，并向水中发射。声信号在水中传播时，如果遇到潜艇、水雷或鱼群等目标，就会反射回来。换能器接收到反射回来的声信号后，又变成电信号，经接收机放大处理，就会在显示器的荧光屏上显示出来。人们根据声波信号一去一回所用的时间和音调的不同，就可测出目标所在的地方和目标的类别。

声纳发明后，还未来得及用于战场，第一次世界大战就宣告结束了。

用声纳侦察水下潜艇

第二次世界大战时期，德国法西斯仍然利用潜艇在海上横行霸道。但是由于各国的水面舰艇上已经装备了对付潜艇的声纳，所以潜艇再也不能像以前那样为所欲为了。在这次大战中，交战双方共损失潜艇1000多艘，其中大部分是被声纳发现而击毁的。声纳在反潜作战中立了大功。

早期声纳使用的是频率高于 2 万赫的超声波。随着声纳技术的发展，现代声纳大多使用 20 赫 2 万赫的声波，很少再使用超声波了。

77　难解之谜

——神秘的"日德兰"鱼雷

1916年5月31日，英国和德国第一次在北海发生冲突。当时，英国海军上将杰利科的舰队和德国海军上将希佩尔的舰队在日德兰半岛的辽阔海面上展开了激战。在战斗中，双方除发射460多吨各种口径的炮弹外，还发射了219枚鱼雷。

这些鱼雷，有的击中了目标，有的在燃料消耗完后失去了它的作用。然而奇怪的是，在战斗结束后还有一枚鱼雷在海上横冲直闯，游弋在世界各大洋之中。由于这枚神秘的鱼雷是在日德兰半岛的海面入水的，因此人们将它叫做"日德兰"鱼雷。

"日德兰"鱼雷全长5.50米，重655千克，以压缩空气从发射管发射出去。它是由英国贝蒂舰队的超级无畏战舰"鲁普斯号"发射的。发射"日德兰"鱼雷的史密斯和其他三名水兵这样说过："有些鱼雷很懒，甚至往后退，而'日德兰'鱼雷却很开朗、活跃、讨人喜欢。我们也不知道为什么会有这种感觉。"

1918年年底，"日德兰"鱼雷离开了冰冻的北海，向南漂游去。1920年年初，它经过法国的加来海峡时，引起了人们的极大恐慌。这年6月，它进入北大西洋，被美国海军舰艇"克罗马林号"发现。

1928年7月12日，它在百慕大三角海中游弋时被一些船员碰到过。后来，人们还在美国康涅狄格州和北卡罗来纳州的海面上发现过它的行踪。在美国佛罗里达州的坦帕海湾，两艘美国军舰曾围困过它，但它却在夜晚逃逸到委内瑞拉海岸边。

1941 年 12 月 7 日，它游过巴拿马运河，这本来应是报纸的头版头条新闻，然而由于当时日本偷袭珍珠港事件发生，因此被挪到报纸第 6 版的体育栏内。

一直到 1945 年，"日德兰"鱼雷不停息地在太平洋上遨游。美国海军士兵曾幽默地称它为"山姆大叔的手指"。

1946 年 8 月，印度尼西亚渔民在苏门答腊岛中碰见过它，发现鱼雷的外壳锈蚀严重，上面还覆盖着许多海螺。

后来，"日德兰"鱼雷又游到非洲的东海岸。20 世纪 50 年代，它又在大西洋上漫游。在巴西，一名瑞士医生曾在亚马孙河三角洲上拍过它的照片，后来它沿亚马孙河而上，来到了合恩角。

这枚不知疲倦的鱼雷，在 20 世纪 60 年代又开始了它的第二次周游世界的旅行。人们在美国和加拿大交界的尼亚加拉大瀑布、在刚果河口、在法国卢瓦尔河的源头和在非洲的大湖中都发现过它的踪迹。它游到哪里，哪里就出现了神话和迷信。

但是，1972 年以后，到处游窜的"日德兰"鱼雷却突然销声匿迹了，人们再也没有看到过它的踪影。

神秘的"日德兰"鱼雷为什么能在世界各地游荡几十年？是什么力量推动它前进的？这些至今还是未解开的谜。科学家们分析，鱼雷前进的动力可能是海水与鱼雷金属壳体起化学反应产生的，也许是潮水意外

"日德兰"鱼雷和它周游世界各地的踪迹

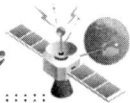

地转变成的动力，或者是其他别的动力。但到底是什么，人们在等待着科学理论来揭示这个难解之谜。

78　水下惊雷

——深水炸弹

第一次世界大战期间，英国为了对付德国的潜艇，发明了一种反潜武器——深水炸弹。

早期的深水炸弹，因外形类似一个小汽油桶，人们称它为筒式深水炸弹。在炸弹内装有100多千克炸药，用定时引信控制，当它下沉到预定深度后引爆。一枚深水炸弹能够击毁10～20米范围内的潜艇。如果同时投下许多枚深水炸弹，那将会翻江倒海，使潜艇无处藏身。

由于那时还没有良好的探测工具，难以探测到潜艇在水下的具体位置，无法进行准确投弹，所以在第一次世界大战中，深水炸弹没能充分发挥自己的特长。

到了第二次世界大战时，有了能探测水中潜艇位置的声纳，才使深水炸弹有了用武之地。第二次世界大战期间，德国损失的650多艘潜艇中，有86％是被深水炸弹炸沉的。其中，有360多艘被飞机用深水炸弹击沉，有280多艘被舰艇用深水炸弹击沉。

在第二次世界大战后，取代筒式深水炸弹的是一种叫做"刺猬"的深水炸弹。它的发射架多装在舰首，共有24个炮管，排列起来向前倾斜，好像刺猬身上的硬刺一样。发射时，将"刺猬"深水炸弹一个个套在炮管上，在2～3秒内即可全部发射出去，射程约达600米。它的杀伤区的范围达40～50米。

深水炸弹通常为圆柱体，内装常规炸药（或核装药）和引信（包括定时、触发、非触发或复合引信）。它由舰艇、飞机发（投）射，在水中预定深度

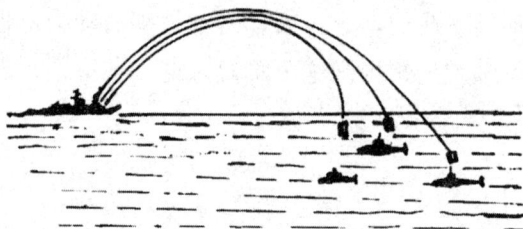

军舰发射深水炸弹炸敌潜艇

爆炸，用来毁伤敌潜艇及其他水中目标。

目前，又出现了一种火箭式深水炸弹，其射程达 1200 米以上。它可由 5 管发射炮齐射，在空中飞行 16 秒，下沉速度每秒 7～9 米，深度可达 240 米。这种深水炸弹由火箭发动机推进，以尾翼稳定其在空中飞行和入水下沉的全程弹道。它主要用于攻击潜艇，也可用于攻击水面舰船。通常，火箭式深水炸弹装配在舰艇首部，用多管炮快速齐射。

另外，还有航空深水炸弹和核装药深水炸弹。航空深水炸弹采用飞机空投的方式，这种深水炸弹除带有尾翼以提高稳定性外，弹体头部和侧面均装有引信，以保证确实起爆。核装药深水炸弹，多用作反潜导弹的弹头，是一种对付潜艇的有力武器。

火箭式深水炸弹

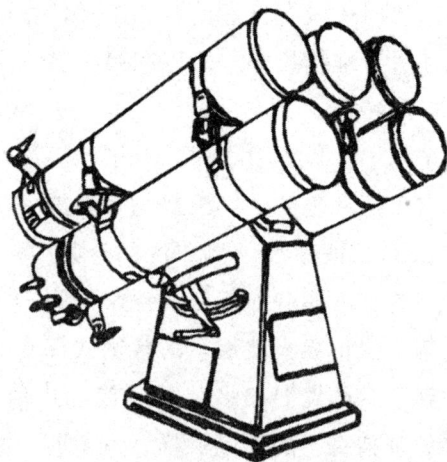

深水炸弹 5 管头发射炮

79　海上堡垒

——战列舰

　　战列舰曾在海战中显赫一时，在第二次世界大战结束前的相当长时期内，它曾作为舰队的主力战舰，因而被称为主力舰或战斗舰。

　　说起战列舰这个名字的来源，那就得追溯到 300 年前的 17 世纪。当时，海战用的船只都是木质帆船，船的两舷开设着一个个舷门，在每个舷门的门洞里装置一门带轮子的火炮，并将火炮直接放在甲板上。船上甲板最多可达 3 层，共装火炮 300 门左右。在海战中，所采用的战术是把战船前后排成一列，使各船的火炮都对准敌舰，依次向敌舰发动进攻。多次海战后，人们发现只有那些吨位较大、防护性能好、火炮进攻力强的战船才能发挥较好的作战效果，并能坚持在战斗队列上。于是，人们就将这些战船称为"战列舰"。此后，战列舰经不断发展，已成为海战的中坚和主力。

　　成为主力舰后的战列舰，逐渐形成以下特点：一是具有口径大、射程远的舰炮；二是具有防御一般武器的装甲防护和水下防护隔舱；三是能在恶劣条件下长时间在远洋机动作战；四是具有完善的观察通信设备。

　　第一次世界大战结束后，由于鱼雷舰和水雷的日益发展和完善，对战列舰的主战地位发出了挑战。为了保住战列舰的主导地位，军事家们设计和建造了吨位更大、火炮口径更大、防护能力更强的战列舰，其主炮口径竟达 406～457 毫米，防护装甲厚达 381 毫米，排水量达 5 万吨，但其航速仍保持在每小时 56 千米。

20世纪30年代，战列舰的发展达到了顶峰。当时，由于航空兵发展迅速，战列舰的副炮一般均取为高平两用炮，并加装了大量高射炮。与此同时，装甲的厚度一般改为与主炮口径相同的尺寸，并注意水下的防护，而排水量有的竟超过6万吨。

尽管战列舰在第二次世界大战后期已雄风不再，但战列舰拥有国并未停止其研制工作。例如，日本在这次大战中制造了"大和号"和"武藏号"两艘超级巨型战列舰。这两艘超级巨型战列舰是船史上最大的战舰，其满载排水量达7.3万吨，舰长263米，舰宽38.9米，吃水10.4米，甲板以上的上层建筑有13层，全舰有1000多个舱室，航速达每小时50千米。舰上拥有6门世界上最大口径的主炮，口径达460毫米，每发炮弹竟重1.5吨，最大射程达41千米。此外，舰上还有各类副炮147门和6架水上飞机。全舰舷部用5层钢板防护，最厚处达410毫米，创造了战列舰装甲厚度的最高纪录。

然而，这两艘庞大的海上堡垒，却在1944年的一次海战中被美国舰载飞机轻而易举地击毁和击伤。当时，美国航空母舰上的舰载飞机6次对这两艘超级巨舰实施攻击，两艘巨舰活像两个活靶，被飞机打得左躲右藏。结果，"武藏号"被20枚鱼雷和17枚炸弹击中，与1000多名舰员一起葬身于海底；而"大和号"战列舰侥幸带伤逃回本土，后来在次年的一次战斗中被12枚鱼雷和7枚炸弹击中而沉没。

这两艘超级巨型战列舰的沉没，标志着巨舰大炮主宰海洋的历史一去不复返。至此，战列舰逐渐没落。特别在第二次世界大战后，随着核武器和导弹性能的增值，海军航空兵和轻型舰艇可以携带这些威力强大的武器，完全可取代庞大、昂贵、易受攻击而又缺乏足够防护力的战列舰。因此，在第二次世界大战后各国都停止制造战列舰，原有的战列舰也大都退出现役。

到了20世纪80年代，美国海军专家认为，战列舰体形庞大，能容纳包括导弹在内的大量最新型作战武器，如果将它进行现代化改装，仍将具有各类现代化军舰无可比拟的作战威力。于是，美国海军决定对

"依阿华"级4艘战列舰进行改装，使战列舰东山再起。

20世纪80年代末期，这4艘战列舰已初步改装完毕。美国准备待全部改装完成后，将以这4艘战列舰为主体组建"水面突击群"，用来协助航空母舰编队或独立进行作战，并可用作指挥舰。

80 海上霹雳

——巡洋舰

巡洋舰是战舰中较早出现的一个舰种，从战列舰一问世，与战列舰为伴作为混合舰队核心之一的巡洋舰也就诞生了。

世界上第一艘巡洋舰诞生于美国南北战争时期。当时，北军为了封锁南军占领区的海岸，需要大量舰艇，而一般应征的船只又经受不住风浪的袭击。在这种情况下，北军便制造了一艘不同以往的铁甲舰。这艘舰的舰体露在水面的部分很小，船舷水线以上部分、甲板和中央旋转炮台等均以铁皮包裹起来，使南军的大型战舰难以对付。这种铁甲舰就是现代巡洋舰的前身。

最初的巡洋舰以舰炮作为主要战斗武器。它虽然个头较战列舰小，火力较弱，装甲也较薄，但它敏捷、轻快，在协助战列舰作战时能有效地抢占阵位和掩护战列舰。另外，它也可单独在海洋上担任巡逻和袭击敌方舰艇的任务。

第一次世界大战后，有些巡洋舰开始装备螺旋桨式水上飞机，它们只能用于侦察而不能用于作战。但由于装备了这些飞机，却使巡洋舰发挥潜在的能力大大加强了。

在第二次世界大战中，巡洋舰大显身手，成为海战中不可缺少的海

军兵器。当时由于巡洋舰的种类多样，人们便将它分为重巡洋舰和轻巡洋舰。

重巡洋舰就是主炮口径达 203 毫米以上，排水量超过 1 万吨的巡洋舰；而主炮口径在 152 毫米以下，排水量在 1 万吨以下的，称为轻巡洋舰。

由于航空母舰的发展和潜艇作战能力的提高，巡洋舰在第二次世界大战的末期作用日趋下降。

1953 年，美国在重巡洋舰"巴尔的摩号"上装上"天师星-I"导弹发射装置，随后又对两艘"波士顿"级巡洋舰进行改装，并为它们装备了导弹武器。到 1958 年，美国相继为两艘巡洋舰装备了防空导弹、反潜导弹，用来对付空中和水下潜艇的攻击。这样，就从巡洋舰中分化出新型的巡洋舰——防空巡洋舰和反潜巡洋舰，加之直升机在巡洋舰上的应用，从而使巡洋舰的战斗能力大大增强。

此后，英国仿效美国，也对巡洋舰进行改装，装备了舰对舰导弹和防空导弹。在第二次世界大战后，法国专门制造了以火炮为主要武器的防空巡洋舰，舰上装有 8 门口径为 127 毫米的双联装火炮和其他辅助火炮，并配有一架直升机。

1957 年，1.7 万吨的"长滩号"核动力巡洋舰在美国动工制造，这是第二次世界大战以来的第一艘核动力巡洋舰，并第一次用导弹代替了主炮，成为舰上的主要武器。

后来，这第一艘核动力巡洋舰与第一艘核动力航空母舰"企业号"、第一艘核动力驱逐舰"班布里奇号"，组编成世界上第一支核动力特遣舰队。这支舰队作环球航行时，中途不需补给任何燃料、食品或其他物质，从而使这种作为航空母舰警戒舰艇，或作为协同中、小型舰艇核心的巡洋舰，能远离基地长期在海上活动。

20 世纪 70 年代后期，苏联开始制造大型核动力推进的巡洋舰——"基洛夫"级核动力导弹巡洋舰，其排水量达 2.5 万吨，比美国新制成的核动力巡洋舰大 1 倍。美国、苏联在巡洋舰上展开了竞争。

到 20 世纪 80 年代末，美国研制成一种称为"90 年代战舰"的"宙斯盾"导弹巡洋舰。它具有对空、对海、对潜作战能力和抗击空中、水面、水下联合攻击的能力。这种巡洋舰的满载排水量为 8910 吨，全长 173 米，航速每小时 56 千米，续航力 6000 海里，是当时世界上最先进的一种巡洋舰。

81　水下伏兵

——水雷

1991 年 2 月 18 日凌晨，参加海湾战争的美国海军的"普林斯顿号"巡洋舰在科威特海岸以东巡逻，为执行扫雷任务的特遣部队提供防空掩护。

时针指向 7 时 15 分，这艘美国巡洋舰驶入只有 16 米深的浅水区时，突然触发了一枚沉底式水雷。顿时，军舰后部发生剧烈的爆炸，把舰尾抛向几米高的空中，然后又掉到甲板上。舰上的许多水手被这突如其来的爆炸击伤。

然而，祸不单行，3 秒钟后舰首部的右舷又触发了一枚水雷，使军舰的上层建筑因强烈震动而开裂。那些由高强度钢材制成的甲板被炸得弯弯曲曲，或者张开了撕裂的大口。右舷顶部的水雷警戒塔被抛到空中，摔成几截落到舰上。螺旋桨轴和舵都被炸得七扭八歪，离开了原来的位置。而距右舷 50 米的几名水手，则被无情的爆炸气浪抛入冰冷的海水中……

颇有讽刺意味的是，当"普林斯顿号"巡洋舰触雷爆炸的危难之时，舰长正在向水手们讲解水雷的危险以及防止触雷的措施。

　　人们没有料到，一艘现代化的大型军舰被两枚身价不到1000美元的伊拉克的水雷严重击伤。这可以说是以小胜大的典型战例，也说明小小的水雷具有相当大的爆炸威力，使人们对它刮目相看。

　　水雷是一种布设在水中，由于舰船碰撞或进入它的作用范围而引发爆炸的一种水中武器。最早发明水雷的国家是中国，在明朝嘉靖二十八年（1549年），中国制造了一种"水底雷"，将火药和发火机构装在铁壳里，放在密封的大木箱中沉入水中，木箱下面用铁锚定位，上面用绳索连接发火装置接到岸上，当敌船接近时，岸上的伏兵拉火引爆，这实际上是一种拉发锚雷。也可在装火药的炮上系上信香引火，香的长短可根据敌船的远近而定，这已是一种定时爆炸漂雷。

　　欧美国家到18世纪时开始在海战中使用水雷。水雷在海战中的毁伤作用基本上是将火药或炸药在水下引爆，出其不意地攻击敌舰，因为具有隐蔽性好、威胁时间长、布设简便、扫除困难、用途广、造价低等特点，进入20世纪仍被各国所采用。如在第二次世界大战后的朝鲜战争、越南战争和中东战争中，都使用了水雷。水雷主要的一个改进方向是如何使水雷触发引爆的方式更灵敏。有的触发水雷装有触发引信，受到直接碰撞就可引爆。而触发的方式又可分为电液触发、惯性触发、接电撞发等9种。另外，还有非触发水雷，在水雷中装有非触发引信，不需要直接碰撞，只要在水雷引信作用范围内的磁场、声场、水压场的物理数值变化到一定程度，就可引爆。还有一种控制水雷，是由岸上、舰艇上或飞机上通过有线控制或无线控制引爆的。最先进的有能识别是否攻击目标和自动跟踪攻击目标的自动跟踪水雷。

　　当然，随着炸药的进步，水雷中装的也不再是火药，而是新型高能炸药。

　　这次美国"普林斯顿号"在科威特海岸遇到的水雷，可能是具有高技术的电磁感应水雷或声感应水雷。

　　在"普林斯顿号"触雷事件发生后，美国国防科学委员会认为，技术发达国家应利用高技术研制新型机器人水雷，以加强海军防御能力。

科学委员会的赫兹维尔特博士则设想：在未来海战中可以利用自主式水下机器人作为无人驾驶远洋布雷舰，借助人工智能技术确定航行方向和选择布雷水域，在远离本国几千千米外的敌方海域布设大量沉底雷、遥控雷、磁性雷等。在布雷舰上还可以装上主动式搜索声纳，对目标进行快速搜索……

看来，被人们誉为"水下伏兵"的水雷，将会得到进一步发展，并将由"守株待兔"式的消极防御转变为主动进攻武器。到那时，水雷和舰艇之间的对抗将更加激烈。

82 明察秋毫

——侦察卫星

1960 年前后，美国研制成功"发现者号"照相侦察卫星。这种卫星上携带一台照相机，能从轨道上对地面照相。胶卷拍完后，还可以再把它回收，以得到所需要的情报。起初，美国并未指望能得到多少情报，只打算试一试空间照相和回收胶卷的可能性。谁知，在三年的试验中，不仅有三分之一的胶卷回收成功，而且收回的胶卷图像清晰度和分辨率比想象的要高得多。比如，从照片上发现苏联的洲际导弹在 1961 年时一共才 14 枚，而不是美国原先估计的 140 枚。

人们将侦察卫星誉为空间"侦察兵"，它上面装有可见光照相机和电视摄像机，就是"侦察兵"的"千里眼"。侦察卫星照相机拍摄照片的清晰程度，主要与卫星的轨道高度、照相机的焦距长度和胶片的微粒粗细有关。轨道高度越低，照相机焦距越长，胶片微粒越细，拍摄的照片越清晰。目前，侦察卫星运行的轨道近地点高度在 150～280 千米之

间，照相机的焦距最长已达 2.4 米，因而得到的照片是很清晰的。

从侦察卫星得到的照片，经处理后，可以看清地面上导弹、飞机和坦克等装备的部署情况。更使人感兴趣的是，从照片上还能区别机场上停放的是米格飞机，还是 F-16 飞机。

后来，随着遥感技术的发展，人们又为侦察卫星装备了一双夜视眼——红外照相机。这样，侦察卫星又增添了夜间的侦察和识别伪装的能力。它能在宇宙空间拍摄到在树枝或绿色苫布掩盖下的飞机和大炮；拍摄到水下的核潜艇；甚至能识别出新培的深土和新长出的花草。

侦察卫星的优点是：侦察的面积大、范围广、速度快、效果好，可以定期或连续监视一个地区，不受国界或地理条件的限制，能获取到其他手段难以获取的情报，在军事、政治、经济和外交等方面都有重要作用。

侦察卫星自 1960 年前后问世，发展迅速，已是现代战争中指挥系统和武器系统的重要组成部分。除照相侦察卫星外，还有电子侦察卫星，可以侦察辨别雷达等的位置，获取敌方遥测和通信等机密信息；导弹预警卫星，由多颗卫星组成预警网，可以监视和发现敌方飞来的战略导弹并发出警报；海洋监视卫星，可与多颗卫星组成监视网，可以监视海洋上的舰船和海洋下的潜艇。

83　烟幕火箭

——防空墙

人们大都听说过防空壕、防空洞或防空工事，可从来没听说过防空墙。它到底是什么东西？难道一堵墙就能挡住敌人的飞机吗？

实际上，这是国外新研制成的一种特殊的墙，它是由一股股轻软浓密的烟云构成的，设置在空中，是现代战场上的软防护。这种新型的防空装置制成后，曾进行过近似实战的试验。

在距离两条白线四五米的地方，竖满了像节日里放的"起花"（礼花）一样的小火箭。这些火箭一个挨一个地排列，沿着白线排成直角形。两个火箭之间的距离为2～3米。这就是防空墙的试验现场。

当试验开始的枪声响过以后，远处的天空出现了飞机，直向目标区飞来。突然小火箭升空，噼噼啪啪地爆裂开来，一两秒钟内天空形成了一片烟幕，地面上的发烟罐也同时配合发起烟来，天地一色，云遮雾盖。本来已开始俯冲的飞机只好爬高，绕道远去。

只见小火箭并未都发射出去，而是按照编排的顺序有间隔地发射，过了一会儿，飞机又在天际出现。当飞机又要低飞时，其余的火箭又飞上天空，飞机只好再次拉了上去，转了几个弯就飞走了。每次烟幕遮蔽时间能在1分钟以上。

正在布放的烟火箭

这种烟幕火箭的爆炸高度并不一样，它们分别在304.8米、609.6米和914.4米处的空中爆炸、发烟，形成长1828.8米、宽1219.2米的三堵烟墙。在烟幕火箭中，

烟幕火箭升空爆炸后形成了防空墙

除发动机外其余装的全是发烟剂。

这时，飞行员坐着吉普车过来了，他一下车就被记者拦住了。

"飞行员先生！你在飞机上看到了什么，为什么不投弹扫射？"记者

147

开门见山地问。

据飞行员介绍，当他打算低飞接近目标，准备俯冲投弹或扫射时，前面出现一片烟幕，烟幕挡住了视野，无法看清目标，再接近就要坠入烟海，令人望而生畏。只好爬高，但这时目标已太小了，无法瞄准。

这种防空墙威力可真不小，虽然烟幕中什么都没有，但它既可遮蔽目标，又模糊了飞行员的视野，在未来的战场上一定会大有作为。

84　侦察哨兵

——遥控电子侦察装置

20世纪60年代的越南战争，是美国从遥远的太平洋彼岸在越南南方进行的。当时的越南军队开辟了一条秘密通道，向越南南方输运人员和军备，这就是当时很有名的胡志明小道。

由于这条秘密通道是由隐蔽在丛山密林中的无数秘密小道组成的，尽管美国侵略军的飞机对越南进行了狂轰滥炸，却一直没能损害这一条秘密通道的畅通无阻。于是，美国使用了一种电子"侦察兵"来进行侦察和探测。他们将电子"侦察兵"伪装成热带树或大石头，预先设置在越南的一条重要通道——胡志明小道附近，电子"侦察兵"就将越军人员和车辆在胡志明小道活动的情况及时准确地传向美军指挥部，为美军有效地阻止越军在这条补给线上的人员、物资运输起了很大的作用。

这种电子"侦察兵"实际上是一种遥控的电子侦察装置，它由地面传感器、监控和记录设备等组成。地面传感器就相当于侦察兵敏锐的耳目，车辆行驶时的震动和发动机的响声，它都能及时觉察出来，并同时传给远处的监控人员，比派侦察人员要准确、及时，而且可以避免人员

的伤亡。

现在，这些地面传感器的本领更强了，它们不仅能根据震动和音响发出信息，而且还能根据磁性、红外、压力和气味等送出情报。它们对人员的探测距离可达 80 米，对车辆的探测距离可达 500 米。

1981 年，美国又研制了一种新型的电子"侦察兵"装置，它由 10 个地面传感器和接收监控设备等组成，全重 6. 千克，可装在两个帆布手提包内。它可探测 10 米以内的人员活动和车辆，并能以有线或无线方式向 1500 米以外的接收监控设备报警。

另外，还有一种远距离报警的电子"侦察兵"，它能在各种不同的军事环境下，很好地完成侦察与警戒任务。它既可用来监视敌活动区、

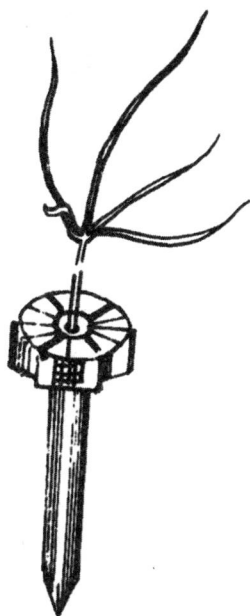

电子"侦察兵"——"热带树"

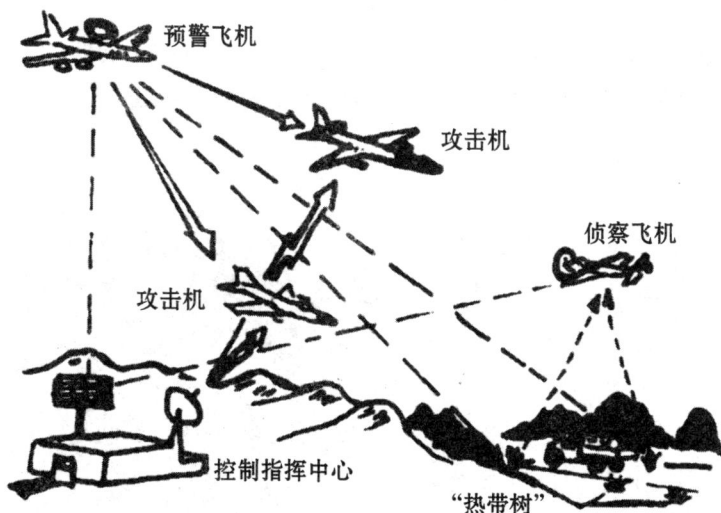

电子侦察示意图

障碍区、地雷场、空降区和可能的部队集结区，也可用来监视道路、桥梁、渡口和重要的军事设施，它还能及时、准确地向战场指挥员提供远方敌军活动的时间、位置、类型、速度及数量等情报。

85 克敌制胜

——反坦克火箭筒

在 1967 年的中东战争中，埃及利用以色列人过犹太教的赎罪节的时机，出动 4000 门火炮、250 架飞机攻击以色列军的炮兵阵地和导弹阵地等军事要地。以色列立即出动装甲旅开着带伪装物的坦克前去还击。坦克在行进中，只见沙漠中仿佛有些小黑点，装甲旅旅长还没反应过来是怎么回事时，只见一发发火箭弹、导弹呼啸着向坦克群击来，闷雷似的爆炸声响个不断，阵地上火光闪闪，浓烟弥漫。转眼间，以色列军出动的 100 多辆坦克竟被炸成了一堆堆冒着黑烟的废铁。原来那些小黑点正是埋伏在沙漠里的埃及士兵，他们的肩上扛着的是反坦克火箭筒。

这就是埃及利用反坦克火箭筒打的一场漂亮的伏击战。

反坦克火箭筒是在第二次世界大战中由美国人斯克纳和厄尔多发明的，它也是世界上最早的一种威力较大的便携式反坦克武器。起初，人们给它起了个好听的名字，叫做"巴

正在发射的"巴祖卡"火箭筒

祖卡"。这是因为士兵用这种反坦克武器射击时，要将它扛在肩上，其姿态与当时美国著名的戏剧演员鲍勃·彭斯吹奏自制的管乐器——巴祖卡时很相似，加之火箭筒在发射时发出一种奇异的声响，便由此而得名，并一直沿用至今。

20世纪80年代以来，坦克的性能不断提高，坦克的装甲不仅采用强度很高的复合装甲（即几种不同的材料像夹心饼干那样组合在一起），而且装甲厚度也达到800毫米以上，坦克火炮的射程也达到2000米以上。相比之下，反坦克火箭筒的射程只有300米左右，根本打不着坦克。士兵们扛着长长的火箭筒去同这样的坦克作战，是要付出很高的代价的。

面对坦克这种威胁，许多国家都在大力改进反坦克火箭筒，以提高它的穿透力和增大射程。英国研制成的"劳80"反坦克火箭筒，由两节套筒组成，平时内外筒套在一起，全长只有1米，行军携带很方便。这种火箭筒发射的火箭弹可以穿透600毫米的装甲。而法国制成的"达尔120"型反坦克火箭筒，由于配用了激光测距机等先进瞄准仪器，在750米距离对坦克射击时，7千克重的火箭弹可击穿820毫米厚的坦克装甲，其命中率可达70％～80％。

然而，用反坦克火箭筒打坦克，士兵们毕竟还要冒着很大的生命危险。因此，人们又将先进的传感器和电脑应用到火箭筒上，制成了无人操作遥控反坦克火箭筒，也叫做机器人反坦克火箭筒。如英国研制成的"劳米纳"机器人反坦克火箭筒，可由光学传感器探测目标，由微处理机快速处理数据，能在300米左右的范围内自动射击坦克。

20世纪90年代以来，英国、法国和美国又先后制成了"帕尔姆"、"阿帕杰克斯"和"突击队员"机器人反坦克火箭筒，使火箭筒成为一种先进的遥控多用途反坦克武器。

86 施放毒剂

——化学武器

1915 年 4 月，第一次世界大战期间，德国军队在比利时的伊伯尔地区，突然对协约国的法国阵地进行炮击。一阵激烈的炮火过后，德军并未进攻，法国士兵为之庆幸，纷纷跳出阴暗的战壕，打算吸几口新鲜空气。

这时，忽然有人发现从德国阵地上升起一团团黄绿色的烟幕，约有 1 米高，循着微风向法国阵地吹来。法国士兵迷惑不解，谁也不知道这是怎么回事。

当奇怪的烟幕像潮水般地飘来时，许多法国士兵很快被熏得东倒西歪，眼睛痛得睁不开，鼻子被刺激得喘不过气来。不少士兵痛得满地打滚，还有一些人则闭着眼睛狂叫乱跑。在短短的几分钟之内，长达几千米的法国阵地上笼罩着一片恐怖。当时法国士兵 15000 人中毒，其中 5000 人死亡。德国乘胜前进。这就是震惊世界的第一次化学毒剂战。

德国在这次化学毒剂战中使用的是氯气，共用约 6000 只钢瓶施放了 180 吨氯气，从而拉开了使用化学武器的序幕。

早在几千年前，人类就用燃烧湿木头和青草所产生的浓烟攻击野兽，以这些带有刺激作用的烟幕将逃避到洞内的野兽逐出捕获。由于这种方法简便有效，所以人们后来就将这种烟幕攻野兽的方法用于两军的争战中。

公元前 431 年，斯巴达人将沥青和硫黄制成抛射物，燃烧后生成大量的二氧化硫，在围城战斗中用来攻击雅典人。雅典人面对这种新式

"武器"，不是被烟熏得睁不开眼睛，就是晕倒在地，完全解除了武装，斯巴达人趁此杀上前去，取得了战斗的胜利。

后来，有些人受到这些烟幕"武器"的启示，就将这种杀伤力很强的毒气弹用于现代战争中。这样，就在第一次世界大战中出现了首次使用的化学武器。

在中国古代，也使用过这种烟幕"武器"。公元1000年，即我国北宋时期，有位叫唐福的军事家，将他所制成的毒药烟球献给朝廷。这种毒药烟球内装有砒霜、巴豆一类的毒物，燃烧后能产生浓烈烟幕，用来使敌人中毒。它实际上就是世界上最早的毒气弹。

第二次世界大战期间，纳粹德国残酷地运用化学武器，制作了大量的毒剂，并用这些毒剂杀死了数百万战俘。

在20世纪60年代的越南战争中，美国侵略者把越南南方作为化学武器试验场。美国在作战中使用的化学毒剂西埃斯有7000吨，植物杀伤剂有12万吨，使130多万人中毒。

化学武器对人有极大的杀伤作用，被认为是一种暴行，国际上三令五申地禁止使用这种武器。但由于它的原料来源容易，制造简单，成本低廉，又具有与原子弹类似的大规模杀伤能力，而且难以防护，所以屡禁不止。

87　虫兵鼠将

——生物武器

18世纪中叶，英国殖民者依仗炮舰到处进行扩张侵略。1763年，又企图占领加拿大，没料想遇到当地印第安人的顽强抵抗。殖民者看到

来硬的不行，就又变换了手法。

一天，当地的两名印第安人首领，忽然收到了英国人送来的礼物——被子和手帕。两位首领没有细想，就将礼物收下，并分发给居民。可是，过了没多久，很多印第安人就陆续得病了。他们先是发高烧，接着皮肤出现大量皮疹，随后又转变为脓疱，病情越来越严重，一些人相继死去了。疾病夺去了印第安人的生命，使英国侵略者轻而易举地占领了加拿大。这到底是怎么回事呢？

原来，英国侵略者送礼物是假，传染疾病是真。他们送给印第安人的被子和手帕上面沾染了天花病毒，接触这些被子和手帕的人就会得天花病。天花病当时是死亡率很高的一种传染病，而且能很快蔓延。英国侵略者达到了不战而胜的目的。这大概是战争史上最早以病菌作武器的战例。

第一次世界大战时，英国、法国等国组成的协约国从中东进口了4500头骡子驮运武器。当这些骡子正在运送武器时，突然纷纷病倒。病骡鼻部脓肿溃烂，发烧，不进食，消瘦，不久就病死了，自然也无法完成运送武器的任务。后来，才搞清楚骡子生病的原因，原来是交战的另一方德国派间谍用鼻疽菌使骡子得了一种叫做鼻疽的牲畜传染病。

用生物如各种病菌、细菌产生的毒素伤害人、畜的武器，叫做生物武器。国际公约禁止在战争中使用细菌武器。但由于细菌武器制造容易，伤害性强，又能

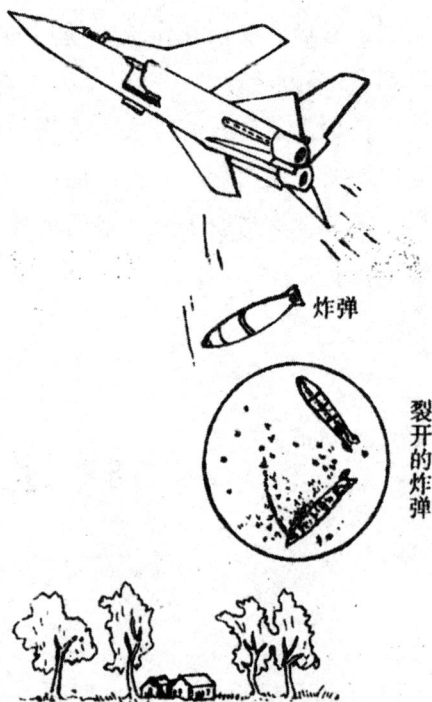

炸弹

裂开的炸弹

飞机空投带菌生物炸弹

迅速传染，因而在战时可以发挥一定的作用。

细菌武器在第二次世界大战中得到了较快的发展。日本侵略者早在1935年就在我国哈尔滨附近修建了代号为"七三一"部队的制造生物武器的细菌工厂。1940年，日本飞机在浙江宁波和湖南常德等地散布带有病菌的跳蚤，使100多人患病死去。

1952年年初，美国侵略朝鲜时，在走投无路的情况下，疯狂地使用了细菌武器。他们用飞机投撒了大量的带菌苍蝇和有病毒的老鼠等，妄图以这些"虫兵鼠将"来挽救他们失败的命运。

现代战争中的细菌武器是将带病菌的苍蝇、蚊子、老鼠等装进炸弹或炮弹里，然后用飞机投放或大炮发射到目的地的。用飞机空投时，炸弹在离地面约30米的高处自动裂成两半，里面带病菌的苍蝇、蚊子、老鼠等就会分散在约100米的范围内活动，人、畜一旦接触，就会感染生病，严重的就会死亡。

88 电波"神眼"

——雷达的发明

1901年12月11日，意大利人马可尼成功地试验了飞越大西洋的无线电通信，电磁波信号从英国经空中传到了北美洲的加拿大，使参观试验的学者们大为震惊，因为这是人类第一次利用电磁波传送信号的创举啊！

然而，马可尼并没有在赞誉和掌声中陶醉，他当时所思考的却是电磁波为什么能传到如此遥远的地方。于是，他又投入到新的研究试验之中。

马可尼新的研究工作引起了人们的关注，不少人也加入到这个研究试验行列之中。时间刚过一年，美国人肯内利和黑比萨德就在研究中获得突破，解开了电磁波远距离传送信号之谜，为人类进一步利用电磁波做出了可喜的贡献。他们的研究结果表明，在距地面 100 千米以上的高空有一个电离层，它能反射电磁波。于是，电磁波便在地面与电离层之间，一面进行往复反射，一面不断地绕地球前进。这也就是电磁波能远距离传送信号的原因。

到了 1925 年，美国人布雷特和丘布利用电离层反射电磁波的原理，向电离层发射了脉冲电磁波，并通过测量电磁波被电离层反射的往复时间，计算出电离层距地面的高度。

此后，人们就积极投入对电离层的研究，并相继搞清了电离层的性质。例如，波长不同的电磁波，电离层的反射情况也是不同的。另外，在对电离层进行测定时，人们发现飞行中的飞机也能反射某些电磁波。

1927 年，世界上开始了电视广播试验。在试验中，人们发现电视广播的电磁波在发射中碰到飞机时，电视机接收到的图像就会受到干扰，出现重影等现象。人们研究了为什么会出现重影的原因，认识到这是因为发射出去的电磁波在遇到空中的飞机时，被折射或反射的缘故。

在这一现象的启示下，有些科学家就想到可以利用电磁波来探测飞机。

英国物理研究所的瓦特博士用显像管来接收飞机反射的电磁波，并且进行了测量和定位的研究。他在测验中发现，如果电磁波像探照灯的光束那样集中平行地发射出去，那么碰到飞机时，就会反射回来，还可以根据电磁波发射往返的时间计算出飞机的距离。

在 1935 年，瓦特博士制成了世界上第一部雷达，用它探测到了距离 12 千米处的飞机，并准确地确定了飞机的方位。后来，瓦特博士又对雷达进行了改进，使雷达探测目标的范围更大了。

1936 年，瓦特博士设计的对空警戒雷达，部署在英国泰晤士河口附近，这种雷达对飞机的探测距离可达 250 千米。当德国法西斯的飞机

打算飞到英国本土去进行轰炸的时候，没想到早早就被英国的雷达发现，英国空军立即还击，德军飞机受到重创。这一遭遇战曾使希特勒迷惑不解，那时世界上还不知有雷达这种利用电子技术来帮助战争的发明哩！

由于雷达具有发现目标距离远、测定目标坐标速度快、能全天候使用等特点，因此被广泛应用在警戒、引导、武器控制、侦察、航行保障、气象观测、敌我识别等方面，成为现代战争中一种不可缺少的电子技术装备。

到20世纪50～60年代，航空和空间技术迅速发展，超音速飞机、导弹、人造卫星和宇宙飞船等都以雷达作为探测和控制的重要手段。20世纪60年代中期以来研制反洲际弹道导弹系统，使雷达在探测距离、跟踪精度、分辨能力和目标容量等方面得到了进一步提高。

雷达发展到了今天，真正成了战场上的"千里眼"。它可以发现数千米外的目标，并能几乎不受昼夜和各种天气条件的限制，全天时、全天候地工作。这种"千里眼"能自动搜索和跟踪目标，而且能按照预先编好的密码，通过一定的附属设备辨别敌我。可以说，直到现在还没有别的侦察手段能代替雷达。

雷达的工作波长在1～10米，相应的频率为30兆赫至30万兆赫。通常把波长1～10米的雷达，叫做超短波雷达，而把波长1米以下的雷达叫做微波雷达。

雷达有一个庞大的家族，除一般通用的雷达外，还有许多专用雷达，如制导雷达、炮瞄雷达、引导雷达等。在今后的使用中，雷达还将得到进一步发展，出现更多弟兄。

89 敏锐耳目

—— 相控阵雷达

"爱国者"导弹在 1991 年的海湾战争中成功地拦截了"飞毛腿"导弹，命中率高达 94％，是因为装备了多功能的相控阵雷达。可以说，没有先进的相控阵雷达，就没有拦截有术的"爱国者"导弹。

相控阵雷达作为"爱国者"导弹的敏锐耳目，能同时担负搜索、识别、跟踪、照射目标、制导导弹和电子对抗等多种任务，

"爱国者"多功能相控阵雷达

能对较大空域内的 100 个目标实施搜索、监视，可同时跟踪 8 个目标，并向 5 枚导弹发送指令，制导 3 枚导弹去拦截各自的目标。它的特长在于捕捉目标的过程短、准确性高，而且作用距离远，一般空中目标很难逃脱它的锐利的"眼睛"。然而，这种雷达的发明者却是一个名不见经传的贫民儿子，名叫卡利拉斯。

卡利拉斯在研究中发现，一般的雷达无论是搜索目标还是追踪目标，都要通过转动庞大而笨重的天线来改变波束方向，因而动作迟缓，跟踪能力差。相控阵雷达摒弃了机械式旋转天线的老办法，采用了一种由移相器组合而成的主动式天线装置。也就是说，这种雷达的天线由成千上万个"排成阵列形式"的辐射单元构成。天线的波束扫描，全由电

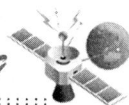

子计算机来控制，因而用不着来回转动笨重的天线。它的电子扫描波束可在千分之一秒的时间内来控制和改变波束方向，所以能交替地搜索和跟踪目标。换句话说，它是把跟踪目标的时间穿插在搜索目标的时间之内，因此在对 100 个目标进行搜索的同时，还能同时对数个目标进行跟踪，并能向导弹发送指令。由此可知，相控阵雷达捕捉目标速度快，准确性强。

与"爱国者"导弹配套的相控阵雷达系统由天线主阵列、电子对抗阵列、敌我识别阵列和制导阵列组成，它能探测和识别半径为 160 千米空域的数百个飞行物

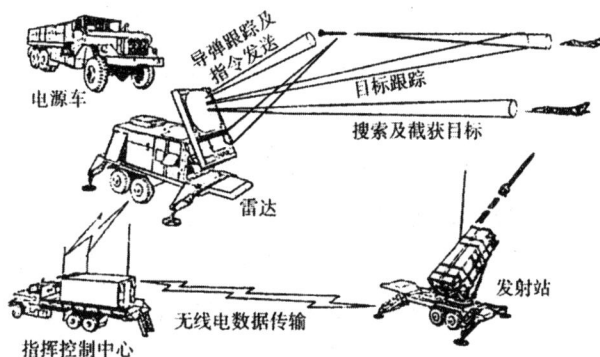

由相控阵雷达组成的"爱国者"导弹系统图

体，随之通过电子计算机在瞬间选择出必须拦截的敌方导弹，分析出敌方导弹的速度和弹道，然后向己方导弹发出进攻指令。

90 火龙飞舞
——喷火武器

第一次世界大战爆发后的第二年，英国军队和德国士兵在伊普雷斯相对峙，双方部队各自隐蔽在相距很近的堑壕里，连续数天处于寂静状态，只能偶尔听到零星的枪声。一天早晨，突然从德军的堑壕里飞出无数条火龙，发出"呼呼"的响声，冒出炽烈的火焰，向英军的阵地猛扑

过去。英军被这意外的景象吓得惊慌失措，不知这是德军施放的什么新式武器，在一片恐慌和混乱中四处逃散。就这样，英军还没来得及放一枪，便丢掉了用鲜血和生命坚守了很多天的阵地。

单兵携带喷火器

原来，德军使用的是一种喷射火焰的武器——火焰喷射器，也就是一种喷射火焰的近距离作战的武器。

1898 年，俄国工程师基格尔最早提出了喷火器的设计图，可是俄国陆军部队认为它不符合需要，结果没有被采用。

1902 年，德国工程师卡托弗托兰向德国陆军部提出了与基格尔类似的喷火器设计图。当时，德军的军事力量较弱，想以制造新式武器来进行弥补，于是就批准制造喷火器。经过一段时间的研制和试验，终于制成了可用于实战的喷火器。它可用来杀伤隐蔽在堑壕、掩蔽部和坚固工事里用一般直射武器难以消灭的敌人。第一次世界大战和第二次世界大战期间，都使用过这种喷火器。

在第一次世界大战中，德国首次对英军使用喷火器，使英军惊慌失措。接着，德国又多次成功地使用了这种新型武器，对各交战国震动很大，促使很多国家开始研制喷火器。

早期喷火器使用的是石油产品的混合油料，射程仅十余米，笨重而且不便携带。改进后的喷火器主要由油瓶、压缩装置、输油管、点火装置和喷火枪等部件组成。喷射时，油瓶内的油料在压缩气体或火药燃气的压力作用下，经输油管和喷火枪由枪口喷出，同时被点火管的火焰点燃，形成一股火柱射向敌方。至于油料，也已由一般的石油改进为凝固汽油，这种油的黏附性强，能延长燃烧时间，并产生 800℃ 左右的高温。

喷火器喷出的火柱，黏附在哪里，哪里就燃烧起来，而且燃烧时需要消耗大量的氧气，同时产生有毒烟气，因此一旦受到喷火器的袭击，

就很难再隐蔽或坚持。第二次世界大战时，美国军队就曾用喷火器将隐藏在洞穴中的日军驱赶出来。

与此同时，一些国家还制成了杀伤力更大的喷火坦克。德国喷火坦克的炮塔上安装着两具喷火器，喷火油料容器安装在坦克两侧，可装 320 千克油料，

喷火坦克

最多可喷射 80 次，喷射距离为 60～70 米，喷出的火柱温度高达 800～1100℃。英国和苏联也相继制造了喷火坦克。

美国研制的 M67A1 式喷火坦克，是在 M48A2 式坦克的基础上改装而成的。它用喷火器代替火炮安装在炮塔内，并将喷火器用的燃料瓶和压力瓶等装在坦克里。但在作战需要时，它还可以在很短的时间内卸掉喷火器，将火炮重新装上。这种喷火坦克的喷火距离达 180～230 米，喷火持续时间约 61 秒。它能把坦克前面变成一片火海，也能将火炮、车辆在瞬间烧毁，破坏力非常大。

苏联的 TO-55 喷火坦克，是由 T-55 坦克改装而成的。它每分钟可喷射 7 次，喷射速度为每秒 100 米，喷射距离达 200 米。这种喷火坦克在喷火时，为了迷惑敌人，常常先用烟幕掩护，以达到出其不意的作战效果。

美国还研制成一种与喷火坦克一同作战的装甲车自行喷火器，它是由美国 M113 装甲运兵车演变而来的，名字叫做 M132 自行喷火器。它的喷火器装在机枪相近的位置上，而油料桶和压缩空气瓶都装在车内货舱里。

装甲车自行喷火器由于体重比喷火坦克轻，所以它在作战时更加机动灵活，既能水陆两栖作战，又能乘飞机空运，而且已在实战应用中打出了威风。它的喷火距离可达 150～170 米，并能连续喷射 32 秒。

91　接力炮管

——德国"蜈蚣炮"

一般的火炮由于炮管短而且只有一个药室（火药燃烧的地方），因而弹丸的速度和射程都受到很大限制。如果把炮管加长，并设计一些附加药室，使弹丸在炮管中运动时不断获得新的动力，像接力赛跑一样，这样，弹丸可以大大增加飞行速度和射程。从理论上来说，采用这种办法可将弹丸的速度增大到任意所需要的数值。

1938 年，德国工程师康代斯经过设计计算和研究试验，终于制成了这样一门火炮。这门火炮的炮口直径为 150 毫米，而炮管是由一根一根 5 米长的管子连接起来，整个炮管长达 150 米，创造了世界纪录。由于炮管太长，无法竖立在空中，只得将 2/3 埋入地下，地面部分以 45°角斜靠在一个小山坡上。炮管两侧每隔数米接出一截支管作附加药室，宛若蜈蚣伸开的一条条腿。整个火炮远远望去，就好像爬在山坡上的长蜈蚣，所以人们把它叫做"蜈蚣炮"。

这门火炮发射一种带有折叠式尾翼的细长型炮弹。尾翼在炮管内折叠在一起，出炮口后自行展开。由于弹丸在这种长炮管中运动时不断点燃附加药室的发射药，从而不断获得加速度，使它的初速达到每秒 1600 米，比一般火炮高出近 1 倍。它的最大射程也比一般火炮（射程最大达 30～40 千米）远多了，达到 170 千米。

当时正是第一次世界大战期间，德国对这门巨长型火炮寄予很大希望，打算试验成功后赶紧生产 150 门，用来袭击英国首都伦敦。

为了保密，德国给这门炮定名为"高压水泵"，而且试验也是在十

分秘密的情况下进行的。但是，在一次试验时，德国刚把炮管埋好正要进行射击，就被同盟国的侦察部队发现。他们派出飞机猛烈轰炸，将这门出世不久还未正式投入战场使用的"蜈蚣炮"炸得粉碎。

后来，德国又制造了两门炮管较短的样炮。但是，这时战争已接近尾声，德军被打得一败涂地，"蜈蚣炮"计划也就成了泡影。

92   地雷升空

——反直升机地雷

不少人看过《地雷战》这部电影，那是我抗日军民大摆地雷阵，打得敌人难以招架的真实写照。现在的地雷，本领可大了，尤其是用高技术武装后，不仅可炸地上跑的坦克，而且可以立即升空，令直升机栽下来。

武装直升机具有高机动性、高灵活性、全天候作战和强大的突击能力等优点，因而已成为现代战争中攻击重要军事目标和摧毁集群坦克的有力的武器装备。很多国家都在研究对付威胁日益增大的武装直升机的办法，美国正在研制一种反直升机的地雷。

对反直升机地雷的要求是：能预先发现和可靠地识别直升机是敌机还是友机，并在100～150米范围内有效地摧毁目标。也就是说，一向被认为是防御性武器的地雷，现在要求它成为像导弹一样能直接进攻的武器，并能飞向100多米高的空中击毁目标，因而要求它装有特种引火装置。反直升机地雷的特种引火装置，采用了先进的传感器。这种传感器是声学传感器。它利用声波可发现直升机的精确方位，根据直升机发出的声响，探测直升机的距离，并可跟踪多个目标。与此同时，它还采

用红外传感器协同声学传感器一道工作,以保证地雷在夜间和云雾等条件下探测和识别目标。

在反直升机地雷上还装有一个微处理器。它能提高地雷的识别能力,如通过直升机桨叶的声响特征可识别直升机的类型,辨别敌友;通过预编程序可使友方直升机安全通过雷场;己方直升机靠近雷场飞行时,飞行员可利用控制装置关闭雷场等。

那么,反直升机地雷是怎样由地面飞到空中的呢?原来,它里面装有抛射药,一旦地雷发现目标,它便点燃抛射药,利用抛射药产生的巨大压力将地雷抛向空中飞行的目标,这时地雷内装的多个爆炸成型弹丸装置在爆炸时产生数个弹丸去攻击目标。

爆炸成型弹丸装置是一种全新的战斗部结构。它由圆盘形或大锥角金属药型罩和炸药构成。当炸药爆炸时,所产生的高温、高压可将金属药型罩锻造成类似弹丸形状的金属球体,并使它具有每秒 2～3 千米的高速,用来将直升机摧毁。

反直升机地雷正在研制试验中。不久的将来,它将作为一种独特的反直升机武器出现在现代战争的战场上。

93　后来居上

——研制中的水炮

称雄战场 500 多年的火炮,从问世到现在一直使用固体火药作为发射药。然而,比火炮问世还早的火箭很早就采用液体推进剂,而且使用效果很好,比固体推进剂要优越得多。那么,火炮是否也能将固体发射药改换成液体的,以提高火炮的作战性能呢?火炮设计家们早就在研究

和探讨这个富有开创性的课题。

而水炮则是以液体发射药发射的新型火炮，所以也叫做液体发射药火炮。

早在1984年，美国就开始设计供试验用的155毫米自行榴弹炮，而且还与英国和法国合作研制120毫米液体发射药坦克炮，其弹丸初速每秒可达2000米。英国也研制了30毫米的试验性水炮，并准备继续研制配用液体发射药的120毫米坦克炮和155毫米榴弹炮。

1986年，美国研制成了3门155毫米液体发射药自行榴弹炮。这种155毫米水炮，采用52倍口径长身管，配用专门设计的炮尾。这种炮尾采用下滑式立楔炮闩，炮闩由再生式活塞、液体发射药容器和燃烧室组成。发射时，输弹槽和自动输弹机将弹丸送入膛内，同时由再生式活塞将贮液器内的液体发射药喷注入燃烧室内。它比固体发射药火炮的优越性在于：射速高，射程远，炮口焰（烟）少，身管烧蚀性小和使用寿命长。

1990年，美国研制成命名为"防御者"的155毫米水炮，弹丸初速提高了10%，增强了火炮的威力。特别是它的射击精度很高，误差达到0.032%（即1千米的射程误差3厘米）。一次发射的6发炮弹，在6～49千米的射程范围内竟能同时击中一个目标。

水炮在作战时隐蔽性好，因为它在射击时不产生烟幕和炮口焰。更大受射手们欢迎的是，它在使用时很安全。曾经做过这样的试验：用81毫米破甲弹直接击中液体发射药，也没有将它引燃。另外，它在结构上比电磁炮更简单，因而可作为固体火药火炮发展到电热火炮的过渡性换代火炮。至于液体发射药究竟是由什么材料组成的，事关各国的军事机密，一直还没有公开。

94 锥形炮管

——重型反坦克炮

20世纪初，有个名叫卡尔普夫的俄国人在一份专利申请中提出，普通火炮的炮管口径由于前后一样粗，弹丸在炮尾部受到的气体压力到了炮口部分必然明显减弱，这样就减小了弹丸的初速和射程。如果采用一种前细后粗的圆锥形状的炮管，当弹丸运动到炮管的前部时仍受到极大的火药气体压力，这样就可大大增加弹丸射出时的初速和射出后的射程。遗憾的是，他在专利中没有提出任何制造锥形炮管的具体方法。

20世纪20年代初，德国火炮设计专家盖利希认为卡尔普夫的说法有一定道理，就继续探索和研究。他先在轻武器上进行了试验，制成了几种圆锥形枪管的猎枪。当时，一般步枪弹丸的初速每秒只有900米左右，而锥管猎枪弹丸的初速每秒竟达到1350米，提高了50％以上。

第二次世界大战时，德国在盖利希锥管猎枪的基础上研制成了一种锥形炮管反坦克炮。这种炮由炮管、炮架、反后坐力装置等构成。炮管为锥形，长约1.35米，其尾部直径28毫米，前部直径20毫米。

锥形炮管反坦克炮共有两种：步兵用的反坦克炮，采用轮式炮架，重约230千克；空降兵用的反坦克炮，采用轻型炮架，重约118千克。为了保密起见，德国将这种新式反坦克炮佯称为重型反坦克枪。

1942年，美国缴获了这种锥管反坦克炮，才发现这个名为枪而实为炮的秘密。美国立即对锥管反坦克炮进行了测试，发现它的弹丸初速最高每秒可达到1400米。它发射的炮弹中间，是一根硬质钢芯，四周有两圈软金属带。弹丸在炮管尾部时，通过软金属带密闭火药气体，待

运动到炮管前部时，金属带被挤入弹内，便可顺利通过较细的炮口。由此可以看出，这种设计是很巧妙的，是对炮管、炮弹设计的重要突破。

除这种锥管反坦克炮外，德国还研制了 42 毫米和 75 毫米两种口径的锥管火炮。由于制造炮管和弹丸所需的特种钢材严重不足，这两种火炮后来就夭折了。

95　非驴非马

——德国"突击虎"自行火箭炮

1942 年，侵略苏联的纳粹德国，为了增强机械部队的炮兵火力，研制成了一种名叫"突击虎"的自行火箭炮，支援坦克作战。这种新式武器的样子较怪，既不像战斗坦克，也不像一般的自行火箭炮，真可说是非驴非马，似是而非。

"突击虎"自行火箭炮

为了提高它的机动能力，车体使用了德国"虎"式坦克底盘，不需要牵引车，可以自己行驶，所以叫自行火箭炮。它的动力装置是 12 缸的汽油发动机，最大功率为 514.5 千瓦。车体上部的炮塔装置却比普通坦克大得多，在炮塔前部装有一门形状奇异的火箭炮，其口径达 380 毫米，但炮管却很短，全长不到 1.9 米。尤其特殊的是，炮管的顶端设有 31 个小圆孔。射击时，火箭弹尾部喷出的高温高压气体不像一般火箭弹那样从火炮的尾部排出，而是将膛内一个紧塞环紧紧顶住炮尾，结果使火药气体进入炮管和套管之间的空间，最后经由炮口的这些小圆孔排出。

这门炮所用的火箭弹，其外形与普通炮弹基本相同，不同的是弹体内有 12 根固体发射药柱的火箭发动机，弹底还有 32 个略微倾斜的喷孔。它们的作用在于，当火箭弹高速飞行时，由倾斜喷孔喷出的火药气体，就能使火箭弹以一定的速度旋转，以便保持正确的飞行姿态，从而准确地击中目标。火箭弹长约 1.4 米，比同口径的普通火箭弹短，重 345 千克，最大射程约 5600 米。

炮塔正面装甲厚度达 150 毫米，超过了大部分重型坦克的装甲。车内可携带 13 发备用火箭弹。弹药的输送和装填通过自动化装填机构进行，几分钟内即可完成全部工作。车内可容纳乘员 6 人。另外，车上还装备有一挺 7.92 毫米机枪。

这种外形非驴非马的"突击虎"自行火箭炮，虽然有较强的火力和装甲防护能力，但个头太大，重量约达 69 吨（一般的重型坦克才重 50 多吨），因而限制了它的机动灵活性，在公路上其最大行驶速度每小时仅 30 多千米，很难适应作战的需要。由于这些原因，德国在 1944 年仅生产了 18 门样炮供部队试用，没有投入实战。

96 诱敌上当

——电子侦察飞机

1986 年，美国与利比亚发生了军事冲突。只见在锡德拉湾的高空有美国 E-2C "鹰眼"预警飞机在巡逻监视，海天之间是 EA-6B "徘徊者"电子侦察飞机在飞行，海面上美军护卫舰、驱逐舰在游弋，水下还有"洛杉矶"级核潜艇在巡游……

利比亚也不甘示弱，两枚苏联制造的"萨姆-5"地对空导弹，从利

比亚希德拉城导弹基地腾空而起，拖着两道火光，直向美国"提康德罗加号"反潜航空母舰的两架正在巡逻飞行的电子侦察机扑来。但是，就在导弹与飞机之间越来越近的过程中，"萨姆-5"导弹逐渐偏离了目标，随后迅速落入大海，自我爆炸了。而两架EA-6B电子侦察机若无其事，继续进行巡逻。利比亚后来又接连向美国的电子侦察机发射了4枚"萨姆-5"导弹，结果与前面2枚导弹一样，摔入大海之后爆炸。

人们感到迷惑不解，曾能将各种空中目标击落的"萨姆-5"导弹竟然失灵，这到底是怎么回事呢？

原来，这是由于美国的EA-6B飞机施用电波干扰的结果。

EA-6B飞机，是美国海军的舰载电子侦察情报飞机。它上面装载着电子干扰系统、综合接收设备、计算中心、雷达跟踪遮断器、机载通信干扰机以及箔条和闪光弹投放器等大量电子技术设备。利用这些电子战装置，它就可以截获敌方电磁频率，发射假雷达信号，施放箔条和闪光弹进行欺骗干扰，使敌方的雷达模糊、通信混乱、导弹失灵。"萨姆-5"导弹就是由于跟踪了假信号而葬身于海底的。不仅如此，EA-6B电子侦察飞机还能依靠自身的行动，躲避敌方的导弹。

97　排雷能手

——排雷机器人

地处非洲大陆最南端的南非，过去曾因搞不得人心的种族主义，与邻近国家的关系一度处于紧张状态，并在边境地区埋设了各种地雷和爆炸物。南非白人种族主义政权被推翻后，就面临着艰巨的排雷和扫雷问题。由于地处高原和山区，排扫雷作业十分困难。排雷专家们经过研究

后认为，要排雷首先在于探雷，于是有人曾训练军犬进行探雷。这种经过严格训练的军犬有着高超的探雷本领，它们根据气味可在 20 米内探测出埋在地下的地雷。

军犬探雷虽然取得成功，但训练军犬比较费事，而且它很难长时间集中精力进行探雷（军犬每天工作时间最长约为 1 小时）。在这种情况下，排雷专家们决定研制排雷机器人。

经过几个月的紧张研制，排雷机器人终于试制成功，接着就要进行探、排雷试验了。

试验场设在南非西北部地区的卡拉哈里沙漠里。这里的地势开阔、平坦，是理想的试验场地。人们事先在这块茫茫沙漠中埋设了很多反坦克雷和防步兵雷，其中不少是用塑料制成的雷壳，即使一级探测器也无法探测到；有的地雷装有防排雷机构，稍一接触就可能自动炸毁……

突然，前面不远处有两辆外形低矮的小型吉普车朝着试验雷场缓缓驶来。奇怪的是，在车子的驾驶室内没有驾驶员，而是装着奇形怪状的探测器。在后面的座舱里，装着一个"大包袱"，它的乳白色外表在阳光下闪着亮光……

原来，它们就是南非新研制出来的名叫"黑豹"的排雷机器人。它的外形并不像人，而像一辆车，是由南非空降兵和特种部队使用的多用途机动车改制而成的。车体用玻璃纤维制成，重量轻，全重仅 940 千克，但强度很高，曾伴随空降部队多次空投而未受到任何损伤。它的个头较小，高不到 1 米，长 2 米，宽 1.2 米。它的"身体"里面安装有无线电遥控装置和地雷探测器，前端还装有一套滚轮装置，专门用来压发各种防步兵雷。

排雷时，由三个"黑豹"机器人相隔 10 米远，排成横队向雷区开进，并用探测器探雷。远处，遥控机器人的指挥官在控制箱前接收机器人发回的信息。在控制箱的荧光屏上，显示出地雷的位置、距离和类型等。

当机器人探测到地雷时，指挥官发出指令，就在原地来个 180°的大

转弯，把车尾部都对向雷区。这时，架在它们背上的"大包袱"随即转动起来，不一会儿，地面便出现三条长长的塑料袋，并不断地向前伸展开来，塑料袋可以覆盖80×16平方米的地面。一辆油罐车给三条塑料袋注满了特殊的液体炸药——燃料空气炸药，然后随同机器人一起撤离现场。

紧接着，一发子弹从远处射来，击中其中一条塑料袋，引爆了整个雷区的地雷。几分钟后，机器人从隐蔽处向雷区驶去，检查是否还有未爆炸的地雷。如果发现有，还可以用车前的滚轮装置引爆残存的地雷。

"黑豹"排雷机器人的个头不大，一个集装箱就可装运两辆这种车，每辆车还可带一辆拖车。空投时每个箱子使用两个直径30米的降落伞。着地后，两名士兵10分钟就可打开箱子，使排雷机器人处于战斗状态。机器人除配备有排雷功能的装置外，还配有一挺12.7毫米的机枪和一挺7.2毫米的机枪或一门120毫米的迫击炮，用来"自卫"。

98 机器奇兵

——"伏击手"机器兵

1983年，美国研制出一种供地面部队使用的名叫"伏击手"的机器兵。"伏击手"机器兵的外形像6轮小型越野车，既可以由操作手进行远距离遥控，又可以自动按照预定程序完成各项任务。

"伏击手"机器兵身上装有3台摄像机。第一台摄像机装在车体上部炮塔的顶部，能旋转360度，用来观察周围的地形和敌人阵地情况。它的支杆还能向上升高9米，可以看到更远的情况。它的第二台摄像机藏在炮塔内，并与武器同轴安装，主要给机器兵导航和监测控制武器射

击。第三台摄像机有两个显示屏，可以对机器兵所在位置、前进方向、行走速度和燃料及弹药使用等情况进行不断的显示和监控。

遥控操作时，操作手通过摄像机的显示屏所显示的各种数据，随时下达指令控制机器兵超越障碍、观察敌情或进行武器射击。

"伏击手"机器兵的体内装有一台电子计算机和几部微处理机，用来控制机器兵身上各个传感器的工作并对获得的信息随时进行高速处理。

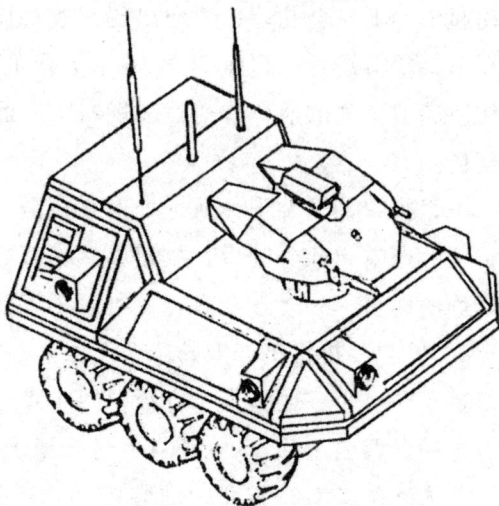

"伏击手"机器兵外形图

"伏击手"机器兵有着灵便的行驶装置，它借助激光测距机、定向陀螺等，可以自动按照计算机编好的程序，按预定路线进行巡逻和警戒。它的每个轮子上都装有液压式闭锁装置和刹车防滑装置，因而能在起伏不平的地形或斜坡上行驶。它的 6 个轮子即使两侧各有一个轮子被枪弹击破，仍能照常行驶。

更引人注目的是，"伏击手"机器兵还是个大有作为的多面手，它能在激烈的战斗环境中完成侦察、射击等多种作战任务。它的身上还装有一部多普勒雷达和一具电磁探测器，可以迅速捕捉到战场上各种装甲目标，并测定出敌人阵地上火力点的位置。

"伏击手"机器兵问世后，很受军事界人士的重视。有的国家进行仿制，并派生出各种功能的机器兵；有的对它进行研究改进，以制成符合自己国内情况的新型武器。

99　前景广阔

——未来的无形坦克

电子计算机的迅速发展，将使未来坦克的面貌大为改观。美国已投资上百亿美元研制先进的战场计算机和网络以及"无形坦克"这样的战车，以便更迅速地进攻和有效地杀伤敌人。

目前的坦克，全身披挂着厚厚的装甲，只留出一些小窗口供乘员观察和瞄准。显然，这极大地限制了车组人员的视线，不利于迅速捕捉和击毁目标。

到21世纪初，坦克的小窗口将被大面积的彩色显示板所代替，大大地开阔了坦克乘员的眼界。如果要察看坦克周围的情况，显示板会变成像玻璃一样的透明体，供人眼直接观察；若要了解远方和其他方面的敌我情况，坦克内安装的电子计算机将从诸如全球定位系统卫星接收器（能使车组人员测算出自己的车辆确切位置）、指挥与控制中心（其任务之一是追踪友军和敌战车的位置）、红外传感器和其他传感器（能监视周围敌人装备所排放出来的热气和化学物）、坦克相互之间的通信联系数据库和计算机本身的数据库等多种途径获得信息，并显示在显示板上。

将上述信息综合后，车组人员就能迅速及时地获知任何方向所发生的情况，而不必放慢行车速度出车观察。

美国陆军计划将未来王牌坦克——M1A2坦克的行驶速度提高到接近汽车在高速公路上行驶的速度，以便发动比海湾战争的"沙漠风暴"行动时坦克行进的速度快数倍的同步攻击，出其不意地击毁目标。而这

一点目前是很难办到的。

更引人注目的是，随着软件和通信设备的完善，信息将会个人化，即根据坦克的每个乘员的不同需要，随时可获得所需要的信息。具体来说，坦克乘员只要将一张大小如信用卡一样的智能卡在阅读器上划过，坦克上的计算机就会提供所需要的信息，并显示出来。

为了使无形坦克的计划得到实现，美国陆军正在一个遍及全国的模拟器网络上进行试验。这些模拟坦克、直升机和其他军事装备的模拟器，都能通过计算机接口同真的坦克连接，从而参与大规模战斗演习和试验，宛若它们都在同一个地方。这样做的优点在于：一来可节省大量的费用；二来还能将研制新坦克和武器所需要的时间缩短一半。

在研究坦克和军用车辆的定位装置方面，英国已走在前面。英国一家公司已开发出一种计算机定位系统，它能在世界任何地方追踪坦克和车辆的确切位置，并可分辨出车辆上运载的是何种货物。

这种定位装置，利用了美国的全球定位系统卫星，而这些卫星同一个后勤软件程序相连接。在坦克和军用车辆上装有一台电子计算机，其上连有天线，不断接收绕地球飞行的9颗定位系统卫星中的4颗所发出的信号。

坦克和军用车辆上的电脑确定出自身的位置后，将信息用无线电波发回车辆基地。这时，基地的电子地图上便立即出现了一个标志，它准确地标明坦克或军车的位置，其准确度约为50米（即与实际的地理位置相差在50米以内）。

这种计算机定位系统可以通过扫描将从商店里买到的地图直接输入到电脑数据库中去，使之可供作战使用。